国防科技图书出版基金

装备体系多 Agent 建模与仿真方法

Multi-Agent Based Modeling and Simulation of Equipment Systems

邢维艳　闫雪飞　刘东　著

国防工业出版社

·北京·

图书在版编目(CIP)数据

装备体系多 Agent 建模与仿真方法/ 邢维艳，闫雪飞，刘东著．—北京：国防工业出版社，2020.9
ISBN 978-7-118-12071-4

Ⅰ．①装… Ⅱ．①邢… ②闫… ③刘… Ⅲ．①武器装备–系统建模②武器装备–系统仿真 Ⅳ．①TJ06

中国版本图书馆 CIP 数据核字（2020）第 161198 号

※

国防工业出版社 出版发行
（北京市海淀区紫竹院南路 23 号　邮政编码 100048）
三河市腾飞印务有限公司印刷
新华书店经售
*
开本 710×1000　1/16　印张 11　字数 182 千字
2020 年 9 月第 1 版第 1 次印刷　印数 1—2000 册　定价 98.00 元

（本书如有印装错误，我社负责调换）

国防书店：（010）88540777　　　书店传真：（010）88540776
发行业务：（010）88540717　　　发行传真：（010）88540762

致 读 者

本书由中央军委装备发展部**国防科技图书出版基金**资助出版。

为了促进国防科技和武器装备发展，加强社会主义物质文明和精神文明建设，培养优秀科技人才，确保国防科技优秀图书的出版，原国防科工委于1988年初决定每年拨出专款，设立国防科技图书出版基金，成立评审委员会，扶持、审定出版国防科技优秀图书。这是一项具有深远意义的创举。

国防科技图书出版基金资助的对象是：

1. 在国防科学技术领域中，学术水平高，内容有创见，在学科上居领先地位的基础科学理论图书；在工程技术理论方面有突破的应用科学专著。

2. 学术思想新颖，内容具体、实用，对国防科技和武器装备发展具有较大推动作用的专著；密切结合国防现代化和武器装备现代化需要的高新技术内容的专著。

3. 有重要发展前景和有重大开拓使用价值，密切结合国防现代化和武器装备现代化需要的新工艺、新材料内容的专著。

4. 填补目前我国科技领域空白并具有军事应用前景的薄弱学科和边缘学科的科技图书。

国防科技图书出版基金评审委员会在中央军委装备发展部的领导下开展工作，负责掌握出版基金的使用方向，评审受理的图书选题，决定资助的图书选题和资助金额，以及决定中断或取消资助等。经评审给予资助的图书，由中央军委装备发展部国防工业出版社出版发行。

国防科技和武器装备发展已经取得了举世瞩目的成就，国防科技图书承担着记载和弘扬这些成就，积累和传播科技知识的使命。开展好评审工作，使有限的基金发挥出巨大的效能，需要不断摸索、认真总结和及时改进，更需要国防科技和武器装备建设战线广大科技工作者、专家、教授，以及社会各界朋友的热情支持。

让我们携起手来，为祖国昌盛、科技腾飞、出版繁荣而共同奋斗！

国防科技图书出版基金
评审委员会

前　　言

随着世界新军事变革的推动和发展,作战理论逐渐朝着网络化、信息化、体系化方向演变,导致针对信息化作战理论的研究方法也面临变革。作战仿真技术一直是和平年代进行作战理论与方法研究的有效工具,并因可重复性、可操作性、可控制性、方便以及能够大幅节省人力和物力等诸多优势而倍受研究人员的青睐。但传统的作战仿真技术主要适用于单个武器装备或装备系统的建模仿真研究,无法适用于具有高度互联互通特性的装备体系研究,而大规模、体系级的装备领域建模仿真研究正成为新的时代发展需求。

值得注意的是,装备体系是一个复杂巨系统(Complex Giant System,CGS),隶属于复杂系统的研究范畴,而基于多 Agent 的建模仿真技术则被认为是研究CGS 的一种有效手段。

智能体(Agent)是人工智能领域中的重要概念,是对独立的能够思想并可以同环境交互的实体的抽象。英文单词 Agent 指能够自主活动的软件或者硬件实体,在人工智能领域已经趋向于将其译为智能体。为了与同领域早期研究成果统一词汇,本文仍旧采用 Agent 表示上述智能体的概念。

基于多 Agent 的建模仿真是 20 世纪 90 年代兴起的一种新的建模仿真范式,已经在系统建模、敏捷制造、网络监测、交通管制、任务分配、认知雷达、云计算等众多工业领域获得了广泛应用,甚至有一系列商业产品发布。目前,比较具有代表性的研究包括基于多 Agent 的元胞自动机、基于多 Agent 的人工鱼群、基于多 Agent 的民意演化行为研究等,然而,专门针对装备体系的多 Agent 建模仿真技术则尚处于发展阶段。

笔者在多年研究与实践的基础上,参考国内外相关学者的研究成果,编写了这本书。该书全面深入地介绍了装备体系多 Agent 建模与仿真方法的框架、关键技术和应用等重要内容,并进行了大量的仿真实验分析,对装备体系的多Agent 建模仿真方法进行了全面的总结,希望能为从事装备体系作战仿真研究的相关人员提供一些帮助,若能达此目的,笔者将不胜欣慰。

本书从相关研究与应用、建模基础、计算复杂度的解决、认知复杂度的解决以及更具指导意义的客观评估等几个角度对装备体系多 Agent 建模与仿真进行介绍。全书共分七章:第 1 章介绍了基本概念与典型装备体系效能评估流程,概述了基于 MAS(Multi-Agent System)的装备体系仿真现状;第 2 章介绍了基于 MAS 的建模仿真实现方法以及在装备体系评估中的应用;第 3 章介绍了基于 MAS 视角的体系结构建模技术,并结合元模型建模语言,从作战视角、能力视角以及 MAS 视角对典型大规模装备体系进行了建模,实现了基础体系结构与建模仿真产品的统一描述;第 4 章针对装备体系建模仿真面临的过高计算复杂度问题,介绍了典型的装备体系多粒度建模仿真方法,提出了一种基于周期驱动的动态聚合解聚多粒度建模仿真方法;第 5 章针对装备体系认知决策面临的不确定性与未知性复杂维度问题,介绍了现有的装备体系指挥与控制建模方法,提出了一种改进的基于强化学习的装备体系指挥控制模型;第 6 章针对传统的装备体系仿真评估受主观性、有限理性、行为偏向等决策算法的误差影响,介绍了博弈论在作战仿真中的应用现状,提出了一种支持模糊推理的基于博弈论的装备体系仿真评估范式;最后,在上述研究的基础上,第 7 章设计并实现了基于 MAS 的装备体系作战仿真系统,并在此系统上开展了多种分析模式包括复杂网络分析、三维可视化分析、方差分析、极差分析等在内的体系结构优化评估与灵敏度评估试验,推动了基于 MAS 的复杂系统建模仿真方法在装备体系作战仿真领域的应用。

参与本书编写的作者及分工为:邢维艳负责全书的统筹设计,并负责第 1、2、3 章的编写;闫雪飞负责第 5、6、7 章的编写;刘东负责第 4 章的编写。

本书在编写的过程中得到了航天工程大学和国防科技大学等单位的大力支持,参考了胡晓峰教授、李新明教授、Andrew LLachinski 博士等作战仿真工程界专家们所编著的相关书籍的内容,在此,谨致以衷心谢意!

由于时间仓促,笔者水平有限,书中难免有疏漏和不妥之处,欢迎读者批评指正。

目　　录

Catalog

第1章 概　　述

1.1　引言

以海湾战争为分水岭,战争方式由过去的单兵对抗演变成装备体系的对抗,并由此产生了一场世界范围内的新军事变革,各国军队都在这次变革中加快部队的转型发展,主要特点是更加重视装备体系的发展和建设,并为此进行相应的装备体系作战理论研究。随着军事变革的发展,战略、战役、战术之间的界限更加趋于模糊,多军兵种联合作战更加常态化,战争的复杂度更高,作战样式不断翻新,信息化程度也越来越高。这无疑为装备体系的研究提出了更严峻的挑战。

随着计算机仿真技术的快速发展,仿真方法已经在各领域获得了广泛的应用,并因可重复性、可操作性、可控制性、方便以及能够大幅节省人力和物力等诸多优势而倍受研究人员的青睐。作战仿真是计算机仿真中的一个重要领域,近几十年获得了蓬勃发展,已成为和平年代各国进行战争研究的主要手段[1]。以美国为代表的军事强国高度重视仿真技术的研究和应用,2006年,美国国会通过法案将建模与仿真技术作为“国家关键技术”,彰显建模与仿真技术的重要性。同时,美国国防部已经将建模与仿真作为国家安全研究的一个重要科学领域,并加强了军用仿真标准规范的制定和推广,为军队武器系统的研制和发展做出了重要的贡献。此外,美国军队建设与工程试验实验室(USACERL)将作战工程建模与仿真技术列为重点支持项目[2]。

多Agent(Multi-Agent)建模仿真技术是一种以自底向上的方式,从研究个体微观行为着手,进而获得系统宏观行为的建模仿真方法。多Agent系统(Multi-Agent System,MAS)是一个强大的复杂系统研究思想,较适用于研究由众多微观个体交互涌现出宏观整体的运作机理,以及研究宏观表现与微观机制的相互关系。与传统的仿真方法不同,基于多Agent的复杂系统仿真将复杂系统中各个仿真实体用Agent的方式/思想来建模,试图通过对特定个体的特定行为来建模实现整体行为的涌现。目前,基于多Agent的建模仿真技术已经在各领域发挥了重要作用,被认为是研究复杂系统的一个有效途径,并且以多Agent建模仿真为框架,诞生了一大批建模仿真平台,表明了基于多 Agent 建模仿真的优势和地位。

在 MAS 仿真系统中,实体由 Agent 来表达,这些 Agent 具有各自独立的决策规则和响应环境的处理逻辑。它们可以各自独立,也可以相互联系。它们可以以各自相对简单的仿真行为,通过群体的协作来完成更加复杂的仿真功能。基于 MAS 的建模思路是依据 Agent 的自然描述特性和 Agent 的人性化特征,在一定粒度上对复杂系统进行自然分类,然后建立一一对应的 Agent 实体模型,并通过面向对象的建模思想将每个 Agent 实体模型封装为一个个独立的逻辑进程,采用合适的离散模型对多 Agent 系统进行仿真离散,实现模型的调度运行,并最终建立系统仿真模型。基于多 Agent 的复杂系统建模仿真框架如图 1-1 所示,其中基础框架与认知域是需要建模仿真的部分,而复杂系统的整体复杂涌现行为则是建模仿真的产物。可以看出,基于多 Agent 的复杂系统建模仿真框架避开了对复杂系统复杂特征建模分解的瓶颈,而只需要通过对组成复杂系统的 Agent 进行分别建模,从而大大降低了复杂系统的建模难度。

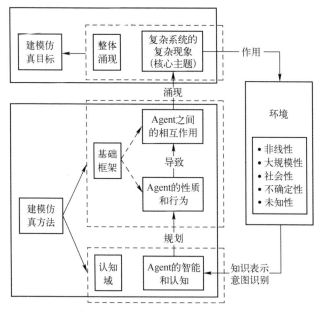

图 1-1　基于多 Agent 的复杂系统建模仿真框架

本章将对全书使用的一些基本概念进行梳理,主要包括装备、系统、体系、复杂系统、Agent 以及多 Agent 系统等。在此基础上,总结典型的装备体系评估流程,并给出基于 MAS 的装备体系建模仿真发展趋势以及研究现状。

1.2　基本概念

1.2.1　装备与系统

　　装备是军事装备的简称,是指实施和保障军事行动的武器、武器系统和军事技术器材的统称。

　　现代系统理论的开创者贝塔朗菲把系统定义为相互作用的多元素的复合体。著名科学家钱学森把系统定义为相互作用和相互依赖的若干组成部分结合而成的具有特定功能的有机体。系统的组成如图 1-2 所示。

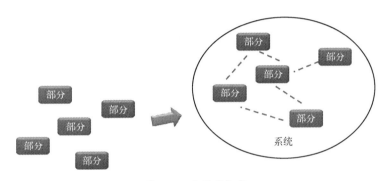

图 1-2　系统的组成

　　武器系统是由武器及其相关技术装备等组成,具有特定作战功能的有机整体,通常包括武器本身及其发射或投掷工具,以及探测、指挥控制、通信、检测等分系统或设备,可分为单件武器构成的单一武器系统和多种武器构成的组合武器系统,如图 1-3 所示。

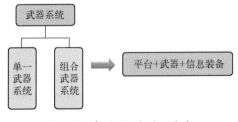

图 1-3　武器系统概念的解析

1.2.2　装备体系

　　装备体系是装备系统存在的方式之一,是系统的更高阶段和形式,是由多个系统组成的大系统,是系统的系统。目前学术界对什么是体系存在着不同的认识。

　　装备体系是由功能上相互关联的各种类、各系列装备构成的整体,通常由战斗装备、电子信息系统、保障装备构成。其他缩写包括军事体系(Military SoS)、联合体系(Joint Systems)、武器体系(Weaponry Systems)。图 1-4 展示了系统与体系的关系。图 1-5 给出了一种典型装备体系的构成。

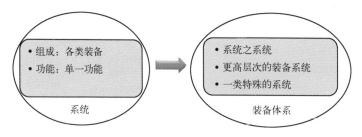

图 1-4　系统与体系的关系

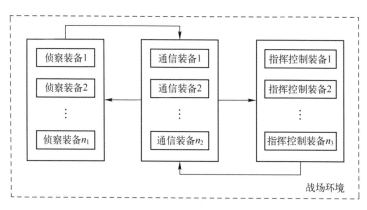

图 1-5　典型装备体系的构成

　　装备体系的主要特征是复杂性,隶属于复杂系统的研究范畴。自从 20 世纪 90 年代初战争系统复杂性获得关注以来,针对战争系统复杂性的研究不断深入。文献[3]对战争系统的复杂性进行了深入分析,认为情景复杂性、认知复杂性、零和对抗等特性是引起战争系统复杂性的主要根源,指出战争复杂系统研究所面临挑战中最重要的四大集成问题,即战法与装备集成、未来情景与干预策略集成、异质群体专家智慧集成和定性分析与定量分析集成,并基于"战法-装备-

效果"三维立体式的研究思路给出了有效的解决方法——战争设计工程,其中,模型仿真模拟作为定量分析方法被认为是战争设计工程的重要手段。文献[4]在对作战体系复杂性分析后,认为受瞬息万变的战场态势影响,作战体系的交战关系是实时变化的,具有网络复杂性。文献[5]认为战争系统的复杂性原因主要包括以下几个方面:一是组成复杂性;二是战争系统的数量大、种类多;三是交互关系复杂性;四是交互的动态性和适应性;五是不确定性。以上五个方面相辅相成,构成了信息化战争系统的复杂性成因。

作为复杂系统研究的一种主要工具,MAS仿真技术目前已经广泛应用于战争复杂系统的仿真分析。文献[6]根据复杂系统特性及其仿真需求,构造了兼具数据处理和知识处理能力的面向Agent的分布式战略决策支持系统,该系统可用于军事或非军事复杂系统的战略决策。文献[7]针对分队对抗系统的复杂性问题,采用MAS"自底向上"对分队对抗进行了建模仿真,涌现出了进攻、分散、防御以及聚拢等形式的宏观现象,表明了MAS用于体系对抗宏观涌现性研究的可行性。还有文献[5]认为,目前基于MAS的作战仿真系统的主要缺点是仿真对象的层次比较低,Agent的数量只能达到中小规模,并认为大规模体系对抗作战仿真将是今后的一个发展方向。目前,将战争系统抽象为复杂系统,以MAS方法对其进行建模仿真研究已经成为研究装备体系的一条重要的便捷途径。

1.2.3 复杂系统

复杂系统(Complex System,CS),指的是一类组成关系复杂、系统机理复杂、系统的子系统间及系统与其环境之间交互关系复杂和能量交换复杂,总体行为具有涌现(Emergence)、非线性、层次、自组织、动态、混沌、博弈等特点的系统,类似的如复杂巨系统(Complex Giant System,CGS)、体系、复杂适应系统(Complex Adaptive System,CAS)、对抗性复杂系统等均属于复杂系统的研究范畴,其概念原理视图如图1-6所示[8]。其中,涌现性被认为是复杂系统最重要的特性,也是与其他简单系统区别的重要标志。涌现性是指局部交互影响整体行为,是从低层次到高层次、从局部到整体、从微观到宏观的变化。正是这种相互作用才导致具有一定功能特征和目的性行为的整体的出现,该整体的宏观特性才不同于元素本身的性质,例如,防空反导体系具有所有子系统都不具备的远程打击能力和跟踪能力。曾有许多学者专门针对涌现性进行了探索[9],然而针对复杂系统涌现性的深层次机理和量化关系,还有待进一步研究。

复杂系统是现代发展中主要的科学问题,成为国家发展规划的重要内容之一,涉及社会、政治、军事、管理、经济、生物工程等各个领域,是一种跨领域、跨学

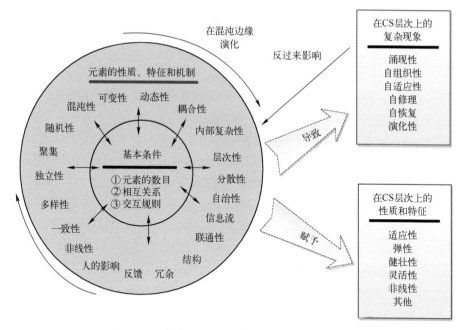

图 1-6　复杂系统的复杂性理论概念原理视图

科的客观存在的社会问题。典型的复杂系统,如 C^4ISR、攻防体系等复杂军事系统,航空航天系统等复杂工程系统,经济规划等复杂社会系统,人、动物、植物等复杂生命系统,气候、电磁等复杂环境系统,物联网等复杂网络系统等。复杂系统的研究与实施对促进国民社会经济发展、巩固加强国防建设、提高人民生活质量有着十分重大的意义,是系统科学的一个前沿课题。

1.2.4　Agent

Agent 在不同领域有不同的定义,但不论在哪个领域,Agent 的一个共同特征都是自主性、自动性或自治性。

目前,学术界普遍接受 Ferber 给出的 Agent 定义[10]:

（1）能够执行动作并改变环境;

（2）能够与环境中的其他 Agent 通信;

（3）具有一定的意图或信念;

（4）控制着一定的本地资源;

（5）能够在一定程度上感知环境状态;

（6）一个 Agent 只能对它周围的环境做不全面的表示(反应型 Agent 可能不具有该特征);

（7）Agent 拥有技能并能够提供服务；

（8）Agent 或许能够复制自己。

Ralf Schleiffer[11]在传统的智能 AI 系统的基础上对 Agent 提出了新的特性：存在性、主观理性（不一定是实际情况）、自动性、鲁棒性、相关性、个性以及合作性。Ralf Schleiffer 认为一个智能 Agent 应该具备以下几条原则：

（1）处于动态改变的环境中并且能够感知环境的部分信息并基于此"不一定真实"的信息做出决策；

（2）在时间的限制下做出决策；

（3）拥有一个有限的策略集合来表明行为的可选择性；

（4）能够通过与环境的交互获得额外的信息和知识，即能够自我适应环境，更新知识库；

（5）具有有限的计算能力，相当于有限的处理速度和内存（来存储历史的经验）。

可以看出，上述五个特性更加符合人的特征。

此外，Agent 还应具有学习能力和适应能力，能够根据环境不断更新自己的内部规则从而提升自适应能力，Agent 和环境的关系如图 1-7 所示。Ferber 的观点对相关学者进行 Agent 研究具有重要的指导意义，它从根源上指出了 Agent 是什么，应该具有什么功能以及如何运行，几乎所有的 Agent 应用研究都是围绕着这一思想进行的。

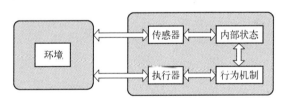

图 1-7　Agent 和环境的关系

1.2.5　多 Agent 系统

MAS 是基于多 Agent 的系统，相对于单 Agent 具有更多的优势，通常基于 Agent 的仿真应用都以 MAS 为主。目前，针对 MAS 还没有一个统一的定义。

有学者认为 MAS 应该具有如下特性：包含一系列交互和通信协议，大部分开放且没有一个"绝对核心"，包含自动的分布式的能够协作并具有个性的 Agent。还有学者给出了 MAS 所具有的一些元素：环境、对象、Agents、关系、操作、管理者。其中：环境承载了 MAS 中的所有对象；环境中的所有事物都视为对象;Agent 是能够满足某些需求的特定对象;关系链接了环境中的所有对象;操作是指 Agent 为改变环境并实现自身目标所采取的一些动作;管理者代表了环境法则,通常认为是环境对 Agent 动作的反应。此外,MAS 与分布式系统密切相关,因此也是分布式人工智能(Distributed Artificial Intelligence,DAI)的基本内容之一[12]。这些观点都进一步明确了 MAS 的概念并为 MAS 的深入研究奠定了思想基础。

MAS 建模仿真研究的是如何基于 MAS 相关理论利用计算机进行具体问题的求解,是 MAS 理论的具体实现。其中,智能 Agent 是 MAS 建模仿真研究的基础,它主要研究 Agent 的智能和行为,属于微观层次,而多 Agent 间的交互、通信、协作等社会行为则构成了 MAS 研究的宏观层次。相比于单 Agent 系统,MAS 由于具有更强的计算能力、更高的智能行为、更好的容错性,同时能够更好地刻画涌现性、非线性等复杂特征,因此在军事领域[13]、数据挖掘[14]、生物领域[15]、社会认知[16,17]、工业领域[18]、通信网络[19]、医药卫生[20]等各领域都获得了广泛的应用,并衍生了一批较成熟的 Agent 建模仿真平台,如 NetLogo[21]、Repast[22]、JADE[23]等,对于辅助问题求解与科学研究发挥了重大的作用,基于此,有人将 MAS 视为"除演绎和归纳外的第三种科学研究手段"[24,25]。

基于 Agent 的建模仿真通常有多种简称:ABMS(Agent-Based Modeling and Simulation)、MABMS(Multi-Agent Based Modeling and Simulation)、MABM(Multi-Agent Based Computational Model)、ABM(Agent-Based Modeling)、ABS(Agent-Based Systems)以及 MAS(Multi-Agent Systems)等,其他相关的还有 AOP(Agent Oriented Programming)[26]、AOSE(Agent Oriented Software Engineering)[27]等与软件设计相关的说法。为了统一说明,本书采用 MAS 这一简称。

1.3 典型装备体系评估流程

目前,国内外针对单个武器装备或多个同类型武器装备的评估占体系评估的大多数,如对飞机预警性能的评估、对装甲车机动性能的评估等,但是,需要强调的一点是,通常的武器系统尤其是单独的武器装备不应该称为体系,对于装备体系,比较典型的有 C^3I、C^4I、C^4ISR、海军装备体系、陆军装备体系、空军装备体系、防空反导装备体系、多军兵种装备体系等。装备体系作为系统的系统,其效能的发挥取决于各子系统的协作能力与融合效果,每一个子系统的性能过高或过低都不是最理想的选择,子系统性能过高不一定会相应地提升装备体系的效能,反而会造成经费的浪费,但子系统性能过低则一定会制约装备体系的效能发挥,成为装备体系的"短板"。装备体系评估对于装备体系论证与研究、战略战役指挥与决策、部队发展与建设具有重要的指导作用,是军事领域的研究热点与难点。美国国家航空航天局(NASA)研究人员认为,装备体系评估在装备研制的最初阶段发挥着重要作用,一个可靠的评估不仅有助于众多研制方案的筛选,而且能够有针对性地消除体系的“短板”从而最大化投资收益,为此 NASA 专门成立了推进系统分析办公室(PSAO)进行航天推进系统研制的评估论证工作[28]。此外,美国国防部(DoD)也一直非常重视对装备体系的评估研究,2007年,美国国防部提出了新的装备体系可靠性评估指标和方法——GEIA-STD-0009,用于指导国防工业部门进行装备体系的可靠性评估[29]。

装备体系具有复杂性、不确定性、混沌性、涌现性、整体性等诸多特征,使得针对其所进行的评估方法、评估目标、评估理念均呈现多元化,但综合分析,其基本流程以指标体系的建立、指标体系的赋值以及指标体系的聚合为主,如表 1-1 所列,下面对这三个方面进行具体阐述。

表 1-1　体系评估流程说明

评估流程	指标体系建立	指标体系赋值	指标体系聚合
对应各个流程的相关技术	AHP 法、ADC 法	专家打分、解析法、仿真法、SEA 法、云重心理论、模糊理论、粗糙集理论	AHP、神经网络算法、回归分析、指数加权、线性加权、云重心、灰色理论、模糊理论

1.3.1　指标体系的建立

指标体系的建立是体系评估中必不可少的一步,也是非常关键的一步,其选取遵循一些基本原则,其中最关键的是完备性和独立性原则。完备性是指任何一个影响总体效能值的因素或指标都应出现在指标体系中。独立性是指同层次间所有的指标相互独立,但由于体系是一个复杂的网络,任何指标间都是有关联关系的,不可能完全独立,因此,所有基于指标体系的评估方法必然存在缺陷。

当前,针对不同的评估体系和评估目标,不同文献给出了不同的指标体系。在这些指标体系中,比较通用的指标体系是将装备体系效能分为信息能力、打击能力、防护能力、机动能力和综合保障能力,每种能力再进一步划分[30]。例如,文献[31]给出了防空 C^3I 系统的效能指标体系,文献[32]给出了 C^3I 系统的效能指标体系,文献[33,34]给出了 C^4ISR 系统的效能指标体系,文献[35]给出了 C^4ISR 系统的通信效能指标体系。总之,可供文献考证的不同类型、不同效能类别的装备体系指标体系有很多,然而,针对同一个装备体系,即使是同一个效能类别,所建立的指标体系也不尽相同,且越靠近底层差别越明显,因此针对同一装备体系建立统一的指标体系是体系评估领域亟待解决的一个问题。

除了基本的指标体系构建方法外,有些评估技术也给出了另一种固定的构建方法。例如,美国工业界装备效能咨询委员会(WSEIAC)将装备体系的效能定义为系统满足一组特定任务要求的程度的度量,即可用性(Avalability)、可信性(Dependability)和固有能力(Capacitiy),三者的乘积作为系统的总效能,该方法称为 ADC 法,是一种常用的武器装备体系评估方法,其中 A、D 模型比较简单,可通过分析系统工作状态和可靠性参数获得,而 C 模型则同样需要构建指标体系。ADC 方法除了可单独对系统效能进行分解外,也可与层次分析法结合使用[36]。

1.3.2　指标体系的赋值

通常,指标体系包含多层,每一层是对其上一层的进一步分解,是为了更清晰地对上层指标进行描述,为了遵循指标选取的简明性和独立性原则,指标体系通常包括三层。除了上层指标值可由下层指标聚合得到外,最底层指标需要赋值,目前,指标体系的赋值是体系评估领域的研究重点也是主要难点。考虑到体系的不确定性和模糊性,不可能对所有指标进行定量的精确赋值,对大部分指标还需要进行定性的评价(如优、良、中、差),在实际聚合时依然需要将评语量化。云重心理论、模糊理论、粗糙集理论便是解决指标由定性到定量转变的主要方法,同时,在对指标值进行定性评价而非定量评分的过程中,也减少了人的主观因素的影响。

专家打分法是一种常见的指标赋值方法,打分方式可以是定量的方式也可以是定性的方式,但最终都要进行归一化处理。专家打分的优点是简单易行,缺点是主观性太强,且评估水准受限于专家的经验水平。为了克服专家打分的主观性不足,文献[37]采用了解析法进行底层指标的赋值,根据系统的装备参数与指标的关系进行指标的解算。文献[38]采用了仿真方法分别对综合航空电子系统和陆军某型装甲装备的底层指标进行赋值,并开发了评估软件,但其本质仍是解析法。

系统有效性分析(SEA)法,描述的是系统运行轨迹与使命轨迹的符合性程度,其本质是由系统原始参数直接聚合得到系统的综合效能。SEA 法的主要思想是:首先根据系统的原始参数求解系统的性能指标(通常有多个),并根据使命要求所对应的参数值求解使命性能指标;其次将性能指标与使命要求指标映射到公共指标空间,由于性能指标有多个,因此公共指标空间是一个超立方体;再次是令原始参数在可变范围内变化进而得出系统的"运行轨迹";最后计算系统"运行轨迹"与"使命要求轨迹"之间的符合程度,该值即可作为该指标效能值,类似地可以得到所有的指标效能值。然而,由于公共属性(指标)空间很难建立,且由于系统能力到该空间的映射通常是非线性的,这给 SEA 法的推广应用带来了较大阻碍。

1.3.3 指标体系的聚合

指标体系的聚合是指根据最底层指标值计算最终的体系效能的过程,通常做法是将最底层指标值向顶层逐层聚合。主要有层次分析法(AHP)、神经网络算法、回归分析等。在装备体系评估领域中,灰色理论、模糊理论、云理论可用来将效能值从定量转变为定性,是为了解决无法对"灰色的""模糊的"体系进行准确量化评估的不足,应用比较广泛。

层次分析法是美国匹兹堡大学教授萨迪 20 世纪 70 年代提出的一种用于方案决策的理论,发展至今已经非常成熟,在装备体系评估领域中应用也比较广泛。层次分析法是指对同一层次的各指标关于上一层次中所隶属指标的重要程度进行两两比较,构造两两比较判断矩阵,进行判断矩阵的一致性检验,然后由判断矩阵计算各指标的相对权重,当计算出所有层的相对权重后即可线性加权并逐层聚合得到系统的总效能。需要说明的是,在构造判断矩阵时,通常要考虑专家的经验。层次分析法是一种线性加权法,其优点是简单易行,缺点是在构造判断矩阵时加入了主观因素。为了突出体系的"短板效应",文献[39]采用了基于惩罚函数的指标聚合方法,考虑了指标值在不同区域的相同变化量对系统效能产生的不同影响,特别是在指标值较低时能大幅"消减"系统效能的特点,但是在现实中如何确定惩罚函数还需进一步研究。

神经网络算法与回归分析属于同一类别,均是在已知训练样本的情况下求解性能指标与系统效能之间的某种非线性关系。神经网络算法可以很好地模拟性能指标与系统效能间的非线性关系,但由于样本数据较难获取,实际应用较少。

1.3.4 主要问题与思考

现有装备体系评估的研究取得了一些成果,开辟了一些渠道,但还存在很多问题,下面就这些问题进行分析并提出一些可行的解决思路。

1. 主观因素太强

现有装备体系评估的研究方法都是在建立指标体系的基础上开展的,在为底层指标赋值的过程中,大多数学者采用了专家打分的方法,即使有学者结合了解析法,但其应用范围也十分有限,对于包含大量武器装备的"综合"作战体系则无能为力。究其原因,是需要的参数依然过于"笼统",而且依赖性较强,没有追根到体系最原始的参数,可以说,从这些原始参数到指标间还存在一段"盲区"。

此外,目前兴起的大数据分析技术正受到各行各业广泛的重视,相关研究成果也层出不穷。装备数据也是一种数据,基于数据进行装备体系评估便可同时借鉴大数据分析技术,对解决体系评估所面临的数据量大、数据种类多等数据处理难题也十分有益。

2. 评估过程脱离实战

现有的体系评估方法仅仅着眼于具体的装备体系来计算效能值,脱离实战,评估结果也必然不够准确,容易引人质疑,对于真正的战场决策发挥意义不大,这也是当前装备评估所面临的比较尖锐的问题。例如,采用模糊评价方法评估得出某体系的效能值为良,那么为什么是良? 其作战效能是不是真的为良? 什么样的配置才是优? 在实战中其效能是不是真的为优? 能不能打胜仗? 此外,目前的装备体系评估技术都只是给出了一个最终的值或评语,单凭这样的一个值或评语能否完全概括体系的性能,完全说明问题? 由于脱离现实、没有验证,这些问题都是不可避免的。

可充分结合历史上所发生的众多战例,尤其是最近几年发生的战争进行装备体系评估,对于更真实地量化装备性能、验证评估结果,从而使评估结果更贴近实战具有不可替代的意义。David 通过分析美国参加过的历次战争对中型装甲车的毁伤性能、生存性能、机动性能等多个指标进行了定性的评估[40],这对于评估结果的真实性和有效性具有重要的验证意义,从而在这方面开辟了先河。

3. 没有研究装备体系的运行机理

可以看出,无论是层次分析法、ADC 方法还是 SEA 法,其评估过程都是根据装备体系已有的指标或性能推算体系的效能,即只要体系的参数给定,体系的效能也就给定了,其本质上是一种静态的评估方法,无法深入探究体系内部的运行机理,无法为战场决策提供更具体的辅助方案。实际上,装备体系完全是一个动态的研究对象,在体系对抗的过程中,体系之间是一个"你来我往"的较量和抗争,体系内部则存在"互帮互助"的协作行为,体系的输赢完全有可能取决于内部的某一互操作环节,如何发现与跟踪这一互操作环节、真正地看到体系的"短板"是提高体系效能、科学指挥作战的源头。

装备体系作为一类复杂的系统和网络,在进行评估尤其是体系对抗的研究时,模拟出体系运行的真实过程,使其变得更直观、更形象、更逼真,对于分析体系运行的内在机理,了解体系的"短板"和关键具有十分重要的意义。例如,基于 Agent 的仿真技术在这方面便是一个很好的尝试[41],然而,目前该仿真方法研究的体系和战争场景过于简单,对于更复杂和庞大的体系还有待进一步发展与完善。

4. 没有考虑人的因素

历史上以少胜多的战例不计其数,其中的关键原因得益于计略,而计略则出自于人,因此人的因素在战争中至关重要。然而,当前的体系评估都没有很好地考虑人的因素,文献[42]在进行登陆作战武装直升机火力支援效能评估时初步考虑了人的因素,体现在公式里却仅仅是一个参数,这样的表示方法过于简化,而且该如何确定这个参数也是一个不确定性难题。

一个可行的方法是基于仿真,在体系内部面向指挥人员加入可操作环节,可真实地模拟出人的行为对体系对抗的影响,但却不利于仿真的大规模开展。另外,如果能够结合人工智能的技术将人的思考方式和推理过程加入 Agent 则似乎是一个更好的选择,但是有很大的难度,而如果能够在这方面获得突破,对于指导军队建设、辅助战场决策与训练将具有不可估量的重大意义。

1.4　基于 MAS 的装备体系仿真现状

通常,将面向战争复杂系统的建模仿真称为作战仿真,将面向作战仿真的 Agent 称为计算机生成兵力(Computer Generated Forces,CGF)。实际上,无论是 CGF 还是 Agent,两个概念都代表了一类作战仿真模式,即完全由计算机控制虚拟兵力的作战行为。而受限于经济水平与物质条件,作战仿真系统中的虚拟兵力不可能完全由人类控制,尤其是像装备体系这样的大规模战争复杂系统,因此,基于作战仿真的装备体系建模仿真必然离不开基于 Agent 的建模。尤其是随着人工智能的迅猛发展,基于 MAS 的装备体系作战仿真研究将成为作战仿真领域的主要发展趋势。

1.4.1　国外相关研究

在作战仿真领域,美军的相关研究起步最早,并且技术也最为成熟。早在 20 世纪 80 年代,美国国防高级研究计划署与陆军便开始了 SIMNET(SIMulator NETworking)研究计划,在 SIMNET 的基础上,又形成了分布交互仿真规范 DIS2.x(Distributed Interactive Simulation)作为分布式仿真基本协议标准,并于 1996 年正式颁布了建模仿真通用技术框架——HLA(High Level Architecture),降低了建模仿真开发周期,提高了建模仿真开发效率。

进入 21 世纪,随着计算机技术的发展以及新的作战理论、作战方法的涌现,美军对作战仿真的重视程度越来越高,并且作战仿真的自动化能力也越来越强。

美国国防部先进研究规划局（DARPA）在 ModSAF（Modular Semi-Automated Forces）基础上开发的新一代的 CGF 系统 OneSAF（One Semi-Automated Forces），便可以支持对单兵、平台级甚至到旅级的全自动化控制，并且在 2006 年专门委托美军陆军训练与教育司令部分析中心（TRADOC）对 OneSAF 进行测评，虽然未公布测试结果，但是进一步辅助 OneSAF 开发小组提升了系统的鲁棒性[43]。

美国海军尤其倾向于基于 MAS 的作战仿真技术研究与应用，2000 年，美国海军作战发展司令部便推出了一个基于多 Agent 的作战模拟系统——ISAAC（Irreducible Semi-Autonomous Adaptive Combat），其理论基础是霍兰的复杂适应系统理论，并很快在 2003 年推出了 ISAAC 的增强版本——EINSTein（Enhanced ISAAC Neural Simulation Toolkit），并在当年就有 1000 多家包括美国空军研究和分析机构、澳大利亚国防科学与技术组织等一大批研究机构成为 EINSTein 的注册用户[44]。

除了海军以外，美国陆军也在作战仿真研究领域投入了一定的精力。例如，美国陆军 21 世纪初提出的未来作战体系（Future Combat Systems）指出未来的陆军作战体系要以一个体系的方式运行，具有整体大于部分之和的特点[45]。

2006 年，美国陆军纳提克士兵研究中心针对未来作战兵力（Future Force Warrior，FFW）项目进行了建模仿真研究，并开发了一个建模仿真工具 SUTES（Small Unit Team Exploratory Simulation）对小规模 FFW 进行建模仿真，然后进行了不同参数灵敏度分析以及费效比分析[46]。

2007 年，针对装备体系的论证评估需求，美国陆军测试与评估司令部（ATEC）、美国陆军训练与教育司令部分析中心以及美国国防部威胁压制局（DTRA）联合研制了 NETS（Nuclear Effects Threat Simulator）以及 DETES（Directed Energy Threat Environment Simulator）实时战争游戏仿真器，并研究了原子能辐射对作战兵力的影响[47]。

除了美军，还有由新西兰国防技术局开发的 MANA（Map Aware Non-uniform Automata）系统，由澳大利亚防务学院开发的 RABBLE（Reducible Agent Battlefield Behaviour through Life Emulation）作战仿真系统以及 RAND 公司和斯巴达公司为美国空军研发的使命级系统效能分析仿真系统 SEAS（System Effectiveness Analysis Simulation）等，这些都是比较成熟的全自动化作战仿真系统。2012 年，MANA 的第五个版本已经问世[48]，同年，美国海军研究生院（Naval Postgraduate School，NPS）在针对近海巡逻舰（Offshore Patrol Vessels，OPV）的反水面作战（Anti-Surface Warfare，ASUW）效能评估中就采用了 MANA 系统[49]。2013 年，NPS 在舰船早期论证评估项目研究中，为了将舰船的结构参数与作战过程联系在一起,再一次采用了 MANA 作战仿真系统,通过将结构参数与作战行为输入到 MANA 系统实现舰船结构参数验证与分析的目的[50]。为了辅助指挥员的决策制定,2014 年,美国空军仿真与分析部门(Air Force Simulation and Analysis Facility,SIMAF)在战争游戏模拟软件 The Drive On Metz 中对最短路径决策问题进行了建模研究,并提供了智能算法以辅助决策[51]。2016 年,辛辛那提大学报道称其一名博士研究生研发的人工智能(ALPHA)在空战中战胜了美国空军战术专家,ALPHA 采用了一种称为遗传-模糊的智能学习算法,并且耗能较低,仅在一台普通计算机上即可运行[52]。目前,基于人工智能的决策技术已经成为美军在作战仿真研究领域的一个新的重要方向。

1.4.2　国内相关研究

国内在基于 MAS 的装备体系作战仿真领域研究相对落后,较早的研究主要以战争复杂性与建模仿真理论、作战仿真 Agent 概念模型、通信与协作机制、基于 Agent 的分队指挥训练、基于 BDI(Belief、Desire、Intention) 的 CGF(Computer Generated Forces)认知行为模型等作战仿真基础理论研究为主,并且大多数针对武器装备系统级进行研究,针对装备体系的研究尚不多见。然而,最近几年国内在作战仿真领域探索程度越来越深,涉及的层次越来越广,自动化水平也越来越高,部分研究已经上升到装备体系级,建模仿真的复杂度也越来越大,甚至在某些方面已经走在国际前列,例如文献[53]、文献[54]在基于复杂网络的战争系统作战仿真理论与应用方面开展了深入的研究。

随着我军信息化水平的不断提升,尤其是网络信息体系(Network Information System-of-systems,NISoS)概念的提出,对作战仿真技术的需求也越来越迫切,重视程度也越来越高。2015 年,文献[55]提出了"体系仿真试验床"的体系评估概念框架,其目的是建立一个信息化条件下联合作战的装备体系对抗仿真环境,作用是为优化作战体系结构、研究新型武器装备提供决策依据,该框架目前还处于建设阶段。

参 考 文 献

[1]　陈怀友. 大规模作战仿真平台可视化关键技术研究[D]. 哈尔滨:哈尔滨工程大学,2010.

[2]　Charles H R,Alan W,Jeffery W,et al. Application of object-oriented programming to combat modeling and

simulation[R]. U. S. Army Construction Engineering Research Laboratory (USACERL) SR P9/46 PO Box 9005,Champaign,IL 61826-9005. 1991,9.

[3] 陈超,毛赤龙,沙基昌. 战争复杂系统面临的挑战[J]. 火力与指挥控制,2011,36(3):1-6.

[4] 钟常绿,贾子英,王印来. 基于复杂系统的作战体系对抗研究[J]. 火力与指挥控制,2014,39(3):112-115.

[5] 姜晓平,朱奕,伞冶. 基于复杂系统的信息化作战仿真研究进展[J]. 计算机仿真,2014,31(2):8-13.

[6] 冯珊,唐超,闵君,等. 用于复杂系统建模与仿真的面向智能体技术[J]. 管理科学学报,1999,2(2):71-89.

[7] 郭超,熊伟. 基于多 Agent 系统的分队对抗建模仿真[J]. 指挥控制与仿真,2014,36(2):75-79.

[8] 韩月敏,彭海,张金荣,等. 陆军作战复杂系统 ABMS 机理研究[J]. 指挥控制与仿真,2011,33(2):1-4.

[9] 程建,张明清,唐俊,等. 基于信息熵的复杂系统涌现量化方法研究[J]. 信息工程大学学报,2014,15(3):270-274.

[10] Ercetin A. Operational-level naval planning using agent-based simulation[R]. Naval Post-graduate School,Monterey,CA 93943-5000,USA,2001,3.

[11] Schleiffer R. An intelligent agent model[J]. European Journal of Operational Research,2005,(166):666-693.

[12] 张少苹,戴锋,王成志,等. 多 Agent 系统研究综述[J]. 复杂系统与复杂性科学,2011,8(4):1-8.

[13] Kulac O,Gúnal M. Combat modeling by using simulation components[J]. RTO NMSG Conference, 2002,RTO-MP-094.

[14] Bakar A A,Othman Z A,Hamdan A R,et al. An agent model for rough classifiers[J]. Applied Soft Computing (2011)11:2239-2245.

[15] Kazir'-od M,Wojciech Korczy'-nski W,Elias Fernandez E,et al. Agent-oriented foraminifera habitat simulation[J]. Procedia Computer Science,2015,51:1062-1071.

[16] Bergentia F. Agent-based social gaming with AMUSE[J]. Procedia Computer Science,2014,32:914-919.

[17] Li Juan,Guan Zhihong,Chen Guanrong. Multi-consensus of nonlinearly networked multi-agent systems [J]. Asian Journal of Control,2015,17(1):157-164.

[18] Peter G,Michael W. Agent-based concepts for manufacturing automation[J]. Lecture Notes in Computer Science,2014,8732(1):90-102.

[19] Bose A,Shin K. Agent-based modeling of malware dynamics in heterogeneous environments[J]. Security and Communication Networks,2013,6(12):1576-1589.

[20] Garcia E,Tyson G,Miles S,et al. An analysis of agent-oriented engineering of e-health systems[C]// Proc. of the AOSE 2012. Valencia,2012.

[21] Zandi M,Mohebbi M. An agent-based simulation of a release process for encapsulated flavour using the NetLogo platform[J]. Flavour and Fragrance Journal,2015,30(3):224-229.

[22] Li Ni,Li Xiang,Shen Yuzhong,et al. Risk assessment model based on multi-agent systems for complex product design[J]. Information Systems Frontiers,2015,17(2):363-385.

[23] Fortino G,Rango F,Russo W. Engineering multi-agent systems through statecharts-based JADE agents

and tools[J]. Lecture Notes in Computer Science,2012,7270(1):61-81.

[24] Macal M C,North J M. Agent-based modeling and simulation[C]//Proceedings of the 2009 Winter Simulation Conference,Austin,USA:IEEE Press,2009:86-98.

[25] Macal M C,North J M. Tutorial on agent-based modeling and simulation[C]//WSC,2005.

[26] Shoham Y. Agent-oriented programming[J]. Artificial Intelligence,1993,60(1):51-92.

[27] Fortino G. Eldameth W R. An agent-oriented methodology for simulation-based prototyping of distributed agent systems[J]. Inf. Softw. Technol. 2012,54(6),608-624.

[28] Michael T T. A probabilistic approach to aero propulsion system assessment [R]. NASA/TM-2000-210334,2000.

[29] Michael J. Best practices for reliability assessment and verification [J]. International Test and Evaluation Association ,2008,29:254-262.

[30] 欧阳海波,李朋飞,赵海龙,等. 基于灰色 AHP 法的武器装备体系作战能力评估[J]. 现代计算机,2011,10:7-10.

[31] 曹瑁,王巨海,杨文林,等. 云重心理论在防空 C3I 系统效能评估中的应用[J]. 武器装备自动化,2007,26(1):16-18.

[32] 马立涛,孟祥劲. 防空 C^3I 系统作战效能评估[J]. 火力与指挥控制,2006(01):34-37.

[33] 门星火,李伟,耿杰恒,等. C^4ISR 系统效能评价技术研究[J]. 舰船电子工程,2011,200(31):8-12.

[34] 杨光辉,湛必胜,秦志强,等. C^4ISR 系统效能评估研究[J]. 自动化指挥与计算机,2008,1:36-40.

[35] 李健,王昆. C^4ISR 通信网络系统综合效能评估的灰色层次模型[J]. 舰船电子对抗,2009,32(5):81-84.

[36] Wang Kai,Xia Jingbo,FENG Xin. A method of integrated military communication networks operational effectiveness evaluation[C]//2009,中国智能自动化会议,江苏南京,中国,2009:148-155.

[37] 蔡远利,支强,吕沧海. PAC-3 反导系统作战效能评估研究[J]. 系统仿真技术及其应用学术会议,2009:557-560.

[38] 刘呆靓. 综合航空电子系统效能评估研究[D]. 西安:西北工业大学,2007.

[39] 孟庆均,宋爱斌,金万峰. 基于惩罚函数的 C4ISR 系统效能指标聚合方法[J]. 装甲兵工程学院学报,2008,22(6):5-8.

[40] David E,Johnson T,Grissom T A,et al. An assessment of medium-armored forces in past military operations[R]. Rand Corporation,1776 Main Street,PO Box 2138,SantaMonica,CA,90407-2138,2008.

[41] 刘伟,贾希胜,王广彦,等. 多 Agent 仿真的装备维修保障效能评估系统设计与实现[J]. 火力指挥与控制,2013,38(1):50-53.

[42] 李仁松,王志邦,姜超. 登陆作战武装直升机火力支援效能评估[J]. 舰船电子工程,2013,33(12):108-111.

[43] Tollefson E S,Schamburg J B,Yamauchi H M. A methodology for conducting composite behavior model verification in a combat simulation[R]. U. S. Army TRADOC Analysis Center,Building 245 (Watkins HalAnnex),Monterey,CA,93943-0695,2006.

[44] Iachinski A. 人工战争:基于多 Agent 的作战仿真[M]. 张志祥,等译. 北京:电子工业出版社,2010.

[45] Wightman J,Smoot D,Thurston M,et al. The role of modeling and simulation in the evaluation of FCS:

OneSAF,NETS,and DETES[R]. U. S. Army/PMFCS BCT ENV &CNST,2008.

[46]　Harris W F,Alexander R S. Future force warrior (FFW) small combat unit modeling and simulation[R]. Future Force Warrior Technology Program Office US Army Natick Soldier Center, Natick, MA 01760,2006.

[47]　Jones J M,Gray R,Samora L,et al. Modeling and simulation of a system of systems:Incorporating electromagnetic and radiation effects into the Army's Future Combat Systems [R]. L-3 Communications – Jaycor,2007.

[48]　Gregory M, David G, Mark A, et al. Map aware non-uniform automata [R]. MANA V. Defense Technology Agency (DTA),2012.

[49]　McKeown J. Analyzing the surface warfare operational effectiveness of an offfshore patrol vessel using agent based modeling[R]. Naval Postgraduate School,Monterey,CA93943-5000,2012.

[50]　Pisani C R. Linking combat systems capabilities and ship design through modeling and computer simulation[R]. Naval Postgraduate School Monterey,CA93943-5000,2013.

[51]　Frawley T D. Application of a multi-objective network model to a combat simulation game:"the drive on metz" case study[R]. Air Force Institute of Technology,Captain,USAF,2014.

[52]　Cincinnati U O. Artificial intelligence:New artificial intelligence beats tactical experts in combat simulation[J]. Defense & Aerospace Week,2016,1:75.

[53]　胡晓峰,贺筱媛,饶德虎. 基于复杂网络的体系作战协同能力分析方法研究[J]. 复杂系统与复杂性科学,2015,12(2):9-17.

[54]　金伟新. 体系对抗复杂网络建模与仿真[M]. 北京:电子工业出版社,2010.

[55]　胡晓峰,张昱,李仁见,等. 网络化体系能力评估问题[J]. 系统工程理论与实践,2015(5):13-17.

第 2 章　基于 MAS 的装备体系
建模仿真及其应用

2.1　引言

　　装备体系作为一种特殊的复杂巨系统,隶属于复杂系统的范畴,也有一些学者将其视为复杂适应系统进行研究[1,2]。MAS 建模仿真作为复杂系统研究的一个有效的技术,正在成为众多学者进行装备体系仿真研究的重要手段[3],并逐渐取代传统的建模仿真技术[4]。由于 MAS 由多个相互交互的微观个体组成,而多个 Agent 之间交互表现出宏观涌现性,这与装备体系的复杂特性极为相似。这表明,装备体系中组成系统的独立性、自治性和复杂的交互性以及体系宏观涌现特征更适于采用 MAS 方法进行模拟[5]。

　　本章从复杂系统的建模仿真角度,介绍基于 MAS 的建模仿真基本思路与各个实现环节,对基于 MAS 的装备体系建模与应用现状进行分析总结,并进一步明确装备体系的多 Agent 仿真评估研究需要重点关注的内容和趋势,也进一步表明基于多 Agent 进行装备体系建模仿真研究的优势与可行性。

2.2　基于 MAS 的建模仿真框架

2.2.1　复杂系统建模仿真框架

　　受自身复杂性的制约,复杂系统难以采用解析法、数值分析等还原方法或其他形式化、半形式化方法来进行有效研究,并且尚没有精确的数学模型用于分析复杂系统的行为或性能特征,而在真实场景下对复杂系统进行试验也面临代价高昂等问题。因此在复杂系统开发的早期,采用建模仿真等技术手段对其进行分析和论证显得尤为重要,建模仿真法已经成为复杂系统研究的主要途径。建模仿真是指通过建立模型,模仿真实的行为,利用计算机实现对研究对象的模拟实验。在复杂系统领域,可分为建模、仿真、观测和分析四个环节。建模是利用模型描述基本的实体行为和属性;仿真是使模型能够有效地调度运行;观测是通过收集仿真数据实现对模型运行结果的获取;分析是通过研究系统表现出的整体行为,实现其运行规律以及内部机理研究的目的,并通过合理性评估辅助建模环节的修正,形成建模、仿真、观测和分析的环路,如图 2-1 所示。

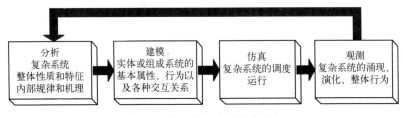

图 2-1　复杂系统建模仿真框架

2.2.2　MAS 的实现框架

1. Agent 的形式化表示

根据多 Agent 的复杂系统建模仿真思想,首先建立基于 Agent 的实体模型。通常,基于 Agent 的复杂系统仿真中 Agent 的定义如下:

$$\text{Agent} = <\text{agentID}, \text{Type}, \text{MPS}, \textbf{IS}, \text{RPS}, \text{Kernel}, \text{LT}, \text{ISO}> \qquad (2-1)$$

式中:agentID 为 Agent 的全局标识;Type 为 Agent 的类别;MPS 为 Agent 的消息处理系统,负责接收和发送消息;**IS** 为 Agent 的状态,不同类别 Agent 的状态有所区别;RPS 为 Agent 的认知行为系统,不同类别的 Agent 具有不同的认知行为系统,根据其智能程度或者认知需求,可以分为反应型(Rule-based)、慎思型(BDI)、学习型(自适应)等;Kernel 为 Agent 的内核,负责从 MPS 中提取消息,并且根据 RPS 处理生成消息,同时修改内部状态并将消息交给 MPS 输出;LT 为 Agent 的逻辑时钟;ISO 为初始状态,不同 Type 的 Agent 具有不同的初始状态。

2. 建模粒度的确定

建模仿真均离不开建模粒度的选择。建模粒度越细,模型刻画真实世界的真实性越高,但是计算复杂度也会越高;而建模的粒度越粗,模型刻画真实世界的真实性越低,但是相应的计算复杂度也会越小。为此,必须根据问题研究的实际需求,选择合适的建模粒度,既要满足模型刻画的真实性要求,能够提供关于原模型足够多的信息,还要满足计算效率的要求,即在计算、分析上都要比原模型容易处理。

当确定好建模粒度后,则所有 Agent 模型的分辨率必须以最高粒度为基准,必须与建模粒度一一对应,包括后续的实体结构。例如,装备体系的最高粒度可以具体到一辆坦克,也可以具体到某个功能组件,公司团体的最高粒度可以具体到每个员工,而细胞的最高粒度可以具体到一个分子。

3. 建模层次的确定

建模层次的确定需要符合复杂系统的实际结构,通常包含最低层次和最高层次,在建模层次区间之内的所有层次需要一一考虑,而高层实体由多个低层实体组合而成。例如,武器装备体系按照层次的高低可分为战略层次、战役层次、战术层次。而不同层次的算法研究具有不同的难度和特点,例如,武器装备体系战术层次的认知行为通常比战役层次的认知行为简单,而战役层次易于战略层次。

4. 实体类别的确定

不同的类别具有不同的结构,因此需要根据研究问题的实际情况和建模仿真需求确定要考虑的实体类别,而多 Agent 仿真框架必须支持不同类别实体的动态扩展。此外,不同类别的 Agent 具有不同的功能和作用,在复杂系统中具有不可替代的地位。

5. 实体结构的确定

每个 Agent 实体都与实际复杂系统的组成元素一一对应,但是限于计算机的计算能力,不可能与真实个体完全一致,而是一定程度的简化模型,通常可通过一定的前期论证确定简化模型的简化程度以及必须涵盖的重要属性和行为。在具体实现时,可将每个 Agent 封装为一个类(Class),每个类由属性和函数组成,而类的属性与 Agent 的属性相对应,类的函数与 Agent 的行为相对应。此外,为了提高编程效率,通常构造一个基础类作为所有类的父类,基础类具有所有 Agent 的共同属性和行为,其他类可以通过继承基础类实现。

6. 实体交互的确定

实体交互是复杂系统聚合涌现的基础,实体交互包含一对一交互、一对多交互、多对一交互等。同时,根据交互的对象,实体交互可以分为 Agent 之间的交互、Agent 与环境之间的交互等。实体交互采用一定的通信原语实现,例如 KQML(Knowledge Query and Manipulation Language)通信原语,其基本原理是将通信分为三个层次:内容层、通信层和消息层,各个层次对应不同的约定,是一种最广泛的 Agent 通信语言,而根据具体的复杂系统,可以对 KQML 进行一定的扩展以满足实际的 Agent 交互需求。

7. 实体 3D 可视化

在必要时,可以进行实体 3D 可视化,可视化是辅助复杂系统数据分析的必要手段。仿真与可视化密不可分,对仿真结果的可视化已经成为仿真的惯例。不仅如此,由于复杂系统的建模也极其困难,在早期阶段引入可视化,不仅使得复杂系统建模变得更明晰可见,而且有助于人的思维的较早参与,可以对建模的正确性以及复杂系统本质的理解起到一定的推动作用。

　　可采取比较成熟的 Java3D 可视化技术进行复杂系统实体建模,结合比较流行的 3D 建模工具——3Dmax 模型开发工具,如图 2-2 所示,通过 3Dmax 开发、Java3D 场景导入实现对不同类型的实体进行可视化建模,进而更加直观地了解整个复杂系统建模仿真的进程、仿真时钟的推进、仿真过程的实体数目变化等信息,实现对复杂系统运行机理的辅助分析。

(a) 实体在3Dmax软件中的开发环境

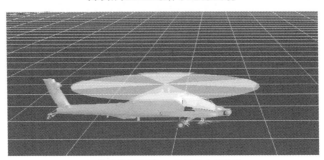

(b) 将实体导入到Java3D场景中的效果

图 2-2　基于 3Dmax 与 Java3D 的实体可视化开发环境

8. 基于进程的离散

　　为了使每个实体自动运行,必须使用一定的调度策略进行调度,相当于静态模型的动态化,目前基于进程的 Agent 离散调度策略是常用的仿真离散模型。通过将每个 Agent 直接封装为一个个独立的逻辑进程,每个进程继承统一的执行接口,保持了实体的完整性,方便了实体运行的管理和控制,同时提高了 Agent 行为描述的清晰性和灵活性,降低了建模的复杂度,增强了 Agent 模型的可扩展性。此外,基于进程的仿真模型具有较高的并行性,使得仿真系统的运行也更加高效。

基于进程的 Agent 离散调度算法伪代码如表 2-1 所列。

表 2-1　基于进程的 Agent 离散调度算法伪代码

```
Input:Null
Output:Null
Initialization:初始化 Agent 的基本属性
Public Void run(Map<ID,KQML> GlobalMessage)　//执行器接口
{
    While(true)　//除非接收到仿真结束命令,否则进程一直循环
    {
        Read(pipeInputStream)　//读取管道流的控制命令
        KQML=getMessage(GlobalMessage)　//获取全局信息列表中对应的本地消息
        If(KQML==Dead||KQML==SimulationStop)
            Break　//如果消息为死亡消息或者是仿真结束消息,退出循环
        KQML=doSomething(KQML)　//根据本地信息进行认知推理,更新基本属性,同时输出要执行的动作
        Update(KQML,GlobalMessage)　//更新全局信息列表
        Write(pipeOutputStream)　//向管道流中写运行结束信息,请求推进时钟
    }
    Stop()　//仿真结束后需要处理的命令
}
```

可以看出,进程的运行、挂起、继续执行以及终止全部依赖于 KQML 通信原语,通过 KQML 信息,Agent 进行认知行为的推理规划,并更新自身的属性,同时将执行结果封装为 KQML 信息,更新到全局信息列表,等待分节点进程的进一步处理,循环往复,直至结束。

2.3　多 Agent 建模仿真在装备体系评估中的应用

多 Agent 建模仿真方法能够在装备体系的仿真评估领域开展多种应用。

2.3.1　整体效能仿真评估

整体效能仿真评估能够挖掘出体系的总体能力评价值,是最基础也是最直接的一种仿真评估方法。例如,文献[6]基于通用 Agent 建模仿真平台 JADE 对两栖装甲武器系统进行了整体作战效能的评估,其评估过程为:分析确定对抗环境,界定效能评估的范围;构建效能评估指标体系;进行攻防对抗仿真;获取仿真相关数据,基于多属性决策方法对效能指标综合评估。文献[7]基于 EINSTein 对西西里岛登陆战役中的盟军和德军部队的整体效能进行了仿真评估,主要通

过分析双方部队的伤亡人数作为部队整体效能的评估依据,仿真结果符合战争实际。文献[8]基于 MAS 对防空作战体系进行了仿真研究,通过对聚集和非聚集部署方式下的作战过程分别进行 5000 次蒙特卡罗仿真以获得红蓝双方飞机的伤亡数字,并以此作为衡量作战体系整体能力的指标。

2.3.2　信息效能仿真评估

为了探究信息化战争的制胜机理,很多学者基于 MAS 建模仿真对其中的信息要素进行了仿真研究,并侧重于从不同角度分析信息化水平对作战效能的影响。较早的研究对信息要素的刻画比较简单,实验结果也比较浅显。例如,文献[9]采用 MAS 研究了信息的实时性和准确性对战争机理的影响,文献[10]基于 EINSTein 研究了信息过载对战争的不利影响。为了提高对信息化作战体系建模的真实度,文献[11]提出了一个基于元胞自动机(CA)的软件模型来对基于网络中心战的作战模式进行了仿真研究,原理是红方部队作为守方在防守范围内部署传感器网络,当感知到进攻的蓝方 Agent 时,将会向一定范围内的红方 Agent 发送预警信息,接收到信息的红方 Agent 会向一定范围内的友方 Agent 发布相关信息进而实现所有 Agent 的信息共享(蓝方 Agent 不具有共享信息的能力),红方 Agent 根据目标信息执行火力打击行动。类似地,文献[12]通过在战场布置具有侦察功能的装备来模拟预警武器从而研究信息化对战争的效能影响。

随着仿真技术的发展,对信息装备的模拟程度越来越真实,信息化作战体系越来越复杂。例如,美国军事学院系统工程系(USMA)利用 ISAAC 研究了 C^4ISR 对战场进程的影响。文献[13]对信息化作战条件下的传感器装备进行了建模,使其具有移动、信息发送和信息接收功能,进一步提升了信息化作战仿真的真实度。类似的研究还有基于分布式多 Agent 技术仿真提出的战场信息自动融合与处理模型等[14]。

2.3.3　贡献度仿真评估

为了辅助新装备的采办决策,分析新型作战力量、武器装备对体系的作战能力提升大小,可以对单件武器装备的贡献度进行仿真研究。2015 年,美国空军大学基于 MAS 对空战武器装备的贡献度进行了仿真研究[15],通过分析新引入装备对已有作战系统的影响来研究如何最大程度地发挥作战系统的效能,如导弹的尺寸、重量、作战模式(空空、空地)、武器的混合、导弹的类型等。为了更好地支撑武器装备贡献度评估的需要,减少模型二次开发的工作量,文献[16]提出了一种灵活、可升级、可重用的基于组件的基于 MAS 的贡献度评估思想,将每个单元级武器装备视为一个单独的组件,这些组件通过对外提供规范的接口实现互操作与互通信,当新的装备组件加入 Agent 时,可以组件的方式直接加入,而每个组件又可以独立升级,如驱逐舰的雷达可以独立地升级换代。

2.3.4　灵敏度仿真评估

为了研究某种作战因素对作战效能的影响,可以使用灵敏度仿真评估方法。

文献[17]基于 WISDOM 对 Agent 的个性灵敏度进行了研究,文献[18]基于 EINSATein 仿真平台对同一性进行了研究,表明中等程度的"多样性"是最利于作战的。文献[19]基于 MAS 作战仿真研究了非战争军事行动的战术重要性,发现无论是对于维和部队还是恐怖分子,反应式战术都要优于慎思型战术,但是对于维和部队来说,有指挥控制的反应式战术差于无指挥控制,而在慎思型战术情形下则恰好相反,对于恐怖分子来说,指挥控制下的作战效能要高于无指挥控制,但是这种影响并不明显。文献[20]基于 ISAAC 平台在某种指挥控制结构中对指挥 Agent 和所属 Agent 个性的重要性及影响机理进行了探索研究,结果数据表明,摩擦显著影响战争,而良好的部属关系则有助于赢得战争。针对美军在伊拉克频繁遭受恐怖袭击,文献[21]曾基于 MANA 对策略、科技和程序(TTPs)在非军事行动中的重要性进行了研究。文献[22,23]基于 AEGIS 平台探究了多个因素(技术、经验、疲劳度、飞机数量、天气等)对防空作战部队信息中心联合防空预警能力的影响。文献[24]基于 MAS 对海军可操作平台进行了仿真研究,模拟了三类简单作战场景,即空中作战、海面作战、水下作战,重点分析了平台的组合、平台的位置部署以及平台的移动对作战结果的影响。文献[25]基于 MAS 建模仿真法评估了作战仿真中的随机性的重要性,如命中概率、侦察概率等,评估结果可用来改善作战决策。

2.3.5　因果追溯仿真评估

传统的解析法、指标法等评估方法解释性不强,因而无法对评估结果进行因果分析,指导价值不高。而借助于作战仿真的方法,则可以实现因果分析的目的,实现"知其然、知其所以然"的评估目的。

文献[5]基于 MAS 进行了 PCW(Platform Centric Warfare,平台中心战)、NCW(Network Centric Warfare,网络中心战)和协同作战(Cooperative Engagement Capability,CEC)指挥体制下的实验设计和仿真实验,揭示了 CEC 对舰艇编队防空效能的贡献主要源于体系层次的行为控制,而 NCW 会由于缺乏协同配合导致作战效能的下滑,这表明了在缺乏全局统筹的情况下,过度的信息共享反而对作战不利。然而作者的作战想定趋于简单,作战 Agent 的数量和类型较少,当作战 Agent 的数量和类型上升到 NISoS 级别时,其作战机理还是否如此,尚有待进一步实际验证。文献[26]通过构造一个环境抽象层(Environment Abstraction, EA)来对作战仿真系统中的强涌现性进行观察研究,以确保一个基于 Agent 的动态、虚拟、构造性的训练系统(Live,Virtual and Constructive,LVC)能够对强涌现性进行建模。对于战争复杂系统,高层表现出来的通常是强涌现性的,并且通过底层 Agent 之间的交互或者与环境的交互,也或者通过环境间接的交互表现。

2.3.6　问题与启示

基于 MAS 的体系作战仿真评估研究一直以来是军事领域的研究热点,在装备体系的评估论证中发挥着重要作用,为此,采用 MAS 建模仿真技术进行装备体系对抗作战仿真研究对于揭示装备体系的作战机理具有重要的研究意义,并且具有极大的可行性,但也有一系列问题需要解决,例如,如何有效地对指控 A-gent 认知决策问题进行建模求解,如何实现不确定性条件下基于模糊推理的体系作战仿真,如何解决大规模体系作战仿真面临的计算复杂度过高的问题等,这些都是基于 MAS 的装备体系建模仿真研究中不可避免的问题,也是非常值得关注的研究趋势。

参 考 文 献

[1] 李晓明,李永强,曲文忠. 基于仿真的空空导弹武器系统作战效能评估研究[J]. 航空兵器,2012, 6:57-61.

[2] Zhang Yaozhong, Zhang An, Xia Qingjun, et al. Research on modeling and simulation of an adaptive combat Agent infrastructure for Network Centric Warfare[J]. LSMS/ICSEE, 2010, Part I, LNCS 6328: 205-212.

[3] Suryanarayanana V,Theodoropoulosb G,Lees M. PDES-MAS:distributed simulation of multi-agent systems [J]. International Conference on Computational Science, 2013, Procedia Computer Science, 2013(18): 671-681.

[4] Ang Y,A Abbass A H,Sarker R. Landscape dynamics in multi-agent simulation combat systems[C]// Advances in Artificial Intelligence. Berlin:Springer,2004:39-50.

[5]　黄建新. 基于 ABMS 的体系效能仿真评估方法研究[D]. 长沙:国防科学技术大学,2011.

[6]　张杰,王宁,朱江. 基于仿真技术的两栖装甲装备作战效能评估方法[J]. 指挥控制与仿真,2013, 35(1):74-77.

[7]　罗小明,康祖云,闵华侨. 基于 Multi-Agent 仿真模型的非对称作战有效性分析[J]. 指挥控制与仿真,2009,31(2):99-102.

[8]　余文广,王维平,柏永斌,等. 基于多进程的 Agent 行为描述及其仿真调度研究[J]. 系统仿真学报,2012,24(3):509-520.

[9]　Richard B,Hencke A N. Agent-based approach to analyzing information and coordination in combatnavald [D]. Monterey:Postgraduate School,1998.

[10]　David M S,William B C. Information overload at the tactical level (An application of Agent based modeling and complexity theory in combat modeling)[R]. Department of Systems Engineering,USMA West Point,NY 10996. 2002,8.

[11]　Brian G R,Dana E. Agent-based modeling of a network-centric battle team operating within an information operations environment[R]. U. S. Army Research Laboratory ATTN:AMSRL-SL-EA Aberdeen Proving Ground,MD 21005-5068,2003,12.

[12]　Major R K,Colonel W B,Colonel B K,et al. An agent-based modeling approach to quantifying the value of battlefield information[R]. Operations Research Center of Excellence technical report,United States Military Academy West Point,New York 10996,2003,2.

[13]　Li X,Wang K,Liu X,et al. Platform-level multiple sensors simulation based on multi-agent Interactions [C]//Agent Computing and Multi-Agent Systems,9th Pacific Rim International Workshop on Multi-Agents,PRIMA 2006,New Youk:Springer-Verlag,2006:684-689.

[14]　Glenn T,Scott W,Keith K. Enabling battlefield visualization:an agent-based information management approach[R]. Soar Technology Inc,3600 Green Court Suite 600,Ann Arbor,MI,48105,2005,6.

[15]　Connors C D. Agent-based modeling methodology for analyzing weapons systems[R]. Air Force Institute of Technology Wright-patterson AFB OH Graduate School of Engineering and Management,ADA615258, 2015.

[16]　Oray K,Murat G,Deniz K,et al. Combat modeling by using simulation components[J]. Rto Nmsg Conference,2002,RTO-MP-094.

[17]　Yang A,Hussein A A,Ruhul S. Land combat scenario planning:a multiobjective approach[C]//Proceedings of the 6th international conference on Simulated Evolution And Learning. Berlin:Springer,2006: 837-844.

[18]　Tomonari H,Hiroshi S,Akira N. Evolutionary learning in agent-based combat simulation[M]. Berlin: Springer,2006:582-587.

[19]　Woodaman R F A. Agent-based simulation of military operations other than war small unit[D]. Monterey:Naval Postgraduate School,2000.

[20]　Brown L P. Agent based simulation as an exploratory tool in the study of the human dimesion of combat [R]. Marine Corps Combat Development Command,Code C40RC 2040 Broadway Street. Quantico,VA 22134-5027. 2000,3.

[21]　Hakola B M. An exploratory analysis of convoy protection using agent-rased simulation[R]. Naval Postgraduate School Monterey,CA 93943-500 0,2004,6.

［22］ Sharif H C. Autonomous agent-based simulation of an AEGIS cruiser combat information center performing battle group air-defense commander operations［R］. Naval Postgraduate School Monterey，CA 93943-5000，2003，3.

［23］ Sharif H C，NEIL C R. Multi-agent simulation of human behavior in naval air defense［J］. Naval Engineers Journal，2004，116（4）：54-64.

［24］ Ercetin A. Operational-level naval planning using agent-based simulation［R］. Naval Post-graduate School，Monterey，CA 93943-5000，USA，2001，3.

［25］ Hakala W J. Combat simulation modeling in naval special warfare mission planning［D］. Monterey：Naval Postgraduate School 1995 12.

［26］ Mittal S D. Detecting intelligent agent behavior with environment abstraction in complex air combat systems［R］. L-3 Communications Corp Wright-patterson AFB OH Link Simulation and Training DIV，ADA584525，2013.

第 3 章　基于 MAS 视角的装备体系建模基础

3.1　引言

为应对不断增加的需求不确定性和发散性,以及前所未有的系统设计的复杂性,增强互操作性、集成性和改善费效比,需要开发一个通用的装备体系综合体系结构框架作为装备体系各种组成部分及其相互联系、这些组成部分所完成的基础活动,以及完成这些活动的规则和限制条件的描述。美国国防部就一直在寻找一个能够描述支持 C⁴ISR 等作战"领域"的当前和未来的信息体系结构,并专门设计了相关标准,这表明了体系结构开发对于装备体系研究的重要意义。

本章将基于体系结构技术为基于装备体系的建模仿真介绍一个可供遵循的开发标准,在对装备体系的体系结构静态产品进行有效刻画与描述的基础上,实现体系结构静态产品与 MAS 建模仿真之间的有效转化,进而构造基于 MAS 的装备体系建模仿真基础。同时,介绍基于接口的装备体系建模仿真可扩展技术,实现新装备、新技术的有效扩展。最后,以大规模装备体系为例,通过对 MAS 视角的装备体系进行体系结构设计,详细说明基于 MAS 视角的装备体系建模仿真流程。

3.2　装备体系建模基础

3.2.1　体系结构建模技术

体系结构是复杂系统的一种抽象,通过在顶层上定义系统的组合和交互关系,隐藏系统的局部细节信息,从而提供一种能够快速理解和高效管理复杂系统的机制。体系结构可以理解为体系的层次组成及其相互间关系描述,国际上针对体系结构早有定义,IEEE STD 1427 将其定义为:"概括系统的组成部分、相互之间的关系及对环境的关系和指导设计和演进的原则的基本组织"[1]。随着复杂系统在各个研究领域的广泛开展,体系结构作为体系各组成单元之间相关关系、约束设计及发展的原则和指南,其重要性越来越突出,尤其是对于需要多个部门合作开发的大规模复杂系统,体系结构使跨部门之间能够更好地相互理解,同时提高各个职能部门之间的互操作能力,最大限度地发挥系统效能。体系能力的实现与体系结构密切相关,合理的体系结构可以形成高效的作战能力,体系结构设计已成为系统顶层设计的关键环节,在体系发展建设中起到承上启下的作用,一直以来备受关注[2]。

体系结构的设计一般根据体系结构框架进行,如 DoDAF 是美国国防部为了让国防部业务流程主管在其职责范围内确定体系结构的开发需求并对开发过程实施控制而设计的体系结构框架,它提供了开发和表述体系结构的规则、指南和产品描述,是开发体系结构的前提条件。DoDAF 起初作为 C^4ISR 的体系结构框架试用,先后经历了改进与完善多个阶段并相应形成了多个版本,最新版本是美军 2009 年推出的 DoDAF2.0 版[3]。DoDAF 是目前应用最为广泛和最为成熟的体系结构框架,基于 DoDAF,可对各种类型的复杂系统进行体系结构建模,便于体系分析、设计,开发人员对体系结构产品的理解、交流、比较,已经在美军体系结构开发过程中发挥了重要作用。

3.2.2 组合范畴与顶层框架

装备体系顶层框架的设计需要覆盖基础通信、后勤保障、侦察感知、指挥控制、火力打击等能力要素,同时包括共用信息基础设施、联合信息环境、联合指挥控制系统、联合作战任务规划系统、联合情报系统等基本功能节点。由于装备体系不仅在规模上要远大于传统的战争复杂系统,在类别和层次上也要高于传统的武器装备系统,因此要实现高度逼真的装备体系建模是非常困难的,难以在短时间内完成。为此,在一定的误差允许条件下,细化主要因素建模、弱化次要因素建模,实现对装备体系的部分基础设施化简集成是可行的解决手段。

装备体系顶层框架可以由基础网、感知网、决策网、火力网、保障网等武器系统组成。图 3-1 所示为装备体系作战节点的组合范畴与顶层框架,其中不带标记的箭头代表相应装备可以直接组合为 Agent 模型,而带标记的箭头表示该装备无须直接建模,而是通过虚拟与集成的方式进行表示,例如干扰机可以虚拟化为 Agent 模型的隐身概率,并且与侦察装备的探测概率相关,表现出受电子干扰后的侦察效果下降,隐身效果提升的现象。此外,基础网提供基础数据和信息的处理,构建安全可信的信息按需汇聚和共享环境。感知网以陆、海、空、天各类传感器及情报处理系统作为网上节点,构建栅格化联合情报体系。决策网以各军兵种指挥控制系统作为网上节点,构建一体化联合指挥体系。火力网将各类网络化武器作为网上节点,构建联合火力交战体系。保障网将全军各种装备保障、后勤保障等装备作为网上节点,构建一体化综合保障体系。通过基础网、感知网、决策网、火力网以及保障网共同组成大规模武器装备体系的顶层框架,并且充分体现出"网络中心、以网聚能"的体系作战理念。

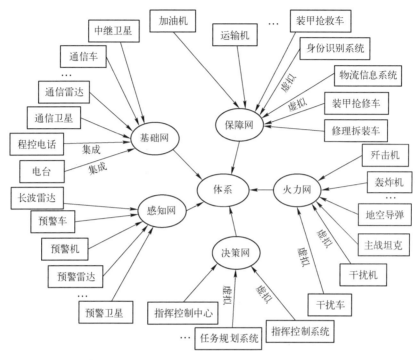

图 3-1　装备体系作战节点的组成范畴与顶层框架

3.2.3　装备体系的能力聚合机制

基于装备体系作战仿真的最终目标是通过作战仿真的方式给出体系的合理性,验证其实际的作战能力。图 3-2 所示为一个装备体系从最底层指标将能力聚合到最顶层的一个过程。传统的评估方法通过采用专家打分法、层次分析法、解析法等实现能力的逐级聚合,然而,这些方法一方面评估过程充满了主观因素,并且评估结果过于单一,只能给出单一的指标值,而不能对体系对抗过程形成实际的指导,另一方面无法有效考虑不同指标以及不同层次能力之间的非线性关系,尤其是对于装备体系这样的复杂巨系统,由于指标体系非常庞大,其解析关系异常复杂,难以准确量化。而基于多 Agent 作战仿真的能力聚合机制则有效地避免了上述瓶颈,只需要通过建立底层个体之间的交互关系即可实现顶层能力的聚合,并且由于结合了实际的对抗过程,因此指导意义更强,并且能够实现"知其然知其所以然",对于实际的体系结构优化过程具有更高的指导意义。

　　然而,考虑到装备体系底层指标体系的复杂性,不可能通过作战仿真的方式实现所有战技指标的建模描述,为此通过因子筛选只对主要的因子进行建模,对其他不重要的因子有效化简,通过这种方式实现既可以有效刻画装备体系的体系对抗过程机理,实现体系结构优化研究的目的,又能够减小建模的复杂性。如图 3-2 所示,其中实线框内的战技指标为考虑的主要仿真因子,其他因子为省略的仿真因子。由于实际的装备体系的指标体系非常庞大,图中给出的只是其中一部分示例。

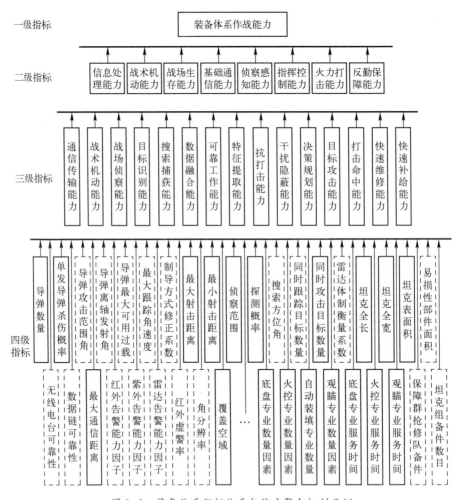

图 3-2　装备体系指标体系与能力聚合机制示例

3.3　基于 MAS 视角的体系结构建模技术

3.3.1　基于 5W1H 的体系结构 MAS 视角

　　传统的体系结构验证主要采用可执行体系结构的方法,其优点是模型易于实现,并且由于可半自动化或自动化地由静态模型转化而来,因此仿真效率较高,但是可执行体系结构的离散事件关联逻辑构建比较复杂,对于不确定性、未知性、大规模的体系结构(如装备体系)难以进行,无法从更底层的微观层面实现体系结构更可靠、更客观、更复杂交互的分析目的,更无法支持体系结构的非线性分析、可视化分析目的,故对体系的分析难以深入。针对可执行体系结构分析的不足,这里提出基于 Agent 的体系结构动态可执行建模的思路。

　　体系结构建模过程满足一定的分析原则,这些原则可以高度抽象为扎克曼框架(Zachman Framework),扎克曼框架是用来组织体系结构的人工制品的分类方法,最早用于企业高级体系结构的正规表示,后用作装备体系的体系结构建模框架依据[4]。扎克曼框架,即从不同角度(视角),对不同问题(5W1H),进行设计与分析,其中 5W1H 由产物(WHAT)、节点(WHERE)、角色(WHO)、时间(WHEN)、规则(WHY)、功能(HOW)组成,代表了体系结构建模的六个不同方面。基于 Agent 的体系结构建模按照扎克曼框架,根据 5W1H 组织数据要素,它们之间的关系构成了体系结构的语义概念模型,如图 3-3 所示。

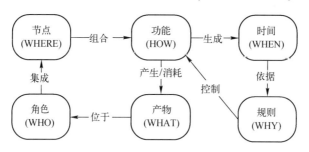

图 3-3　体系结构数据要素的语义概念模型

　　可以看出,HOW 位于 5W1H 的中心,是其他 5W 相互关联的枢纽,代表了体系结构建模的基础和关键。另外,WHERE、WHO 和 HOW 构成的三元关系代表了节点、角色和功能三方面语义的数据要素及其关系,而 WHAT 则是三元关系中数据要素相互作用的产物,WHY 则代表了数据要素相互交互的基本规则。因此,HOW、WHERE、WHO 和 WHAT 所代表语义的数据实体及其关系和属性是体系结构建模的核心内容,构成了体系结构建模基元[5]。

基于 MAS 的体系结构动态建模关键是如何将体系结构中的语义要素映射为 MAS 中的要素、属性和关系,即如何基于 5W1H 建模框架,从 MAS 的视角对体系结构的各个产品进行建模描述。基于 MAS 的体系结构动态建模不再以 HOW 为中心,而是以 Agent 为中心,Agent 之间的关系代表节点之间的关系,Agent 的功能代表节点的功能,Agent 的位置代表了节点的位置,Agent 之间的交互产生/消耗数据与信息。进一步,可将基于 MAS 的体系结构建模定义为不同类型 Agent 利用资源/系统(WHO)在节点(WHERE)上,按照一定的规则(WHY)执行活动/过程及其时间序列(HOW 和 WHEN),消耗与产生数据/信息(WHAT)随时间变化的动态体系结构模型,其建模框架如图 3-4 所示,核心内涵是如何将静态 OP(Operational View)、CP(Capability View)映射为 Agent 以及 Agent 的功能、结构、交互关系,进而实现基于 MAS 建模仿真的体系结构设计与验证。

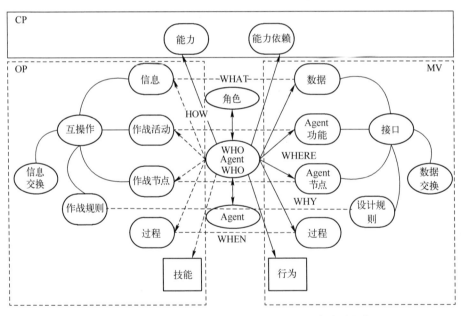

图 3-4 基于 MAS 视角的体系结构 5W1H 要素建模框架

3.3.2 基于 MAS 视角的 DoDAF 产品集扩展

体系结构产品用于描述体系结构视图的不同特征,是体系结构的可视化表示,可用图、表或文字等方式表示,通常可分为表格型、结构型、行为型、映射型、本体型、图片型以及时间进度型等。美军经过十多年的探索和研究建立的体系结构框架 DoDAF，为准确描述 CGS，获取和共享 CGS 可靠数据提供了一种通用标准，已经成为军队建设顶层设计的一种有效手段[6]。基于 DoDAF 的体系结构产品按照不同的视角共包含 52 个之多，但是在进行体系结构设计时，可根据不同的体系结构用途选择合适的产品，并不要求开发所有的产品。当体系结构处于需求论证和系统设计的初级阶段时，体系结构产品的选择主要放在系统需求功能分析上[7]，为此，借鉴 DoDAF 体系结构框架，这里选择 CV、OV 的多个相关产品对装备体系的体系结构进行建模，并通过增加作战组织与 Agent 之间的映射模型 CV-8 以及一系列 Agent 层次结构模型，实现基于 MAS 视角（MAS View，MV）的体系结构建模仿真目标，可满足当前针对装备体系暂不需要付诸项目实践的顶层设计阶段的建模仿真研究需求。基于 MV 的体系结构建模仿真各个产品的描述类型及说明如表 3-1 所列。

表 3-1　基于 MV 的体系结构建模仿真各个产品的描述类型及说明

产　品	类型	说　明
高层作战概念（OV-1）	图片型	与作战想定相关的作战节点、系统、组织、信息流和环境背景对象
作战组织关系（OV-4）	结构型	作战节点角色之间的组织关系
作战活动模型（OV-5）	结构型	作战活动、流对象（每个活动都与节点关联）
作战状态转变描述（OV-6b）	行为型	状态（每个状态都与使命、节点或作战活动关联）、作战状态转变（每个转变都与事件关联）
作战事件跟踪描述（OV-6c）	行为型	生命线（每个生命线都与作战节点关联）
能力构想（CV-1）	表格型	体系的构想、目标、计划、行为、事件等
能力隶属关系（CV-4）	结构型	能力、能力隶属关系和能力组合
能力对作战活动的映射（CV-6）	映射型	能力、标准作战活动的映射关系
活动对组织的映射（CV-8，新增）	映射型	作战活动对组织的映射关系
组织与 Agent 的映射（MV-1，新增）	映射型	作战组织与 Agent 之间的映射
Agent 与作战功能映射（MV-2，新增）	映射型	Agent 对作战功能的支持
Agent 功能与能力映射（MV-3，新增）	映射型	Agent 功能对作战能力的支持
Agent 数据交换矩阵（MV-4，新增）	表格型	Agent 间交换的数据及其特征
Agent 层次组成描述（MV-5，新增）	结构型	Agent 节点、Agent 及其层次关系
Agent 性能参数矩阵（MV-6，新增）	表格型	Agent 在某一时间段内的性能参数

体系结构不同视角的不同体系结构产品与 5W1H 对应关系如表 3-2 所列，可以看出，基于 MAS 视角的体系结构产品能够实现对体系结构全要素的有效映射。

表 3-2　装备体系不同视角的不同体系结构产品与 5W1H 对应关系

要素	WHAT	HOW	WHERE	WHO	WHEN	WHY
体系结构产品	MV-4	OV-5、OV-6b、OV-6c、MV-1、MV-2、MV-3、MV-5、MV-6	CV-6 CV-8	OV-4 MV-1	CV-4 OV-6c	CV-1 OV-1

　　在 DoDAF 产品集扩展的基础上,可将装备体系结构开发过程面向 MAS 建模仿真分为三个阶段:作战需求分析阶段、能力需求分析阶段、作战仿真需求分析阶段,如图 3-5 所示。其中作战需求是体系结构开发的首要环节,也是战争复杂系统的根本。能力需求是作战需求和系统需求之间的桥梁,通过一组模型描述与既定作战使命和活动相关的能力需求,可以对 DoDAF2.0 新版的能力视角进行裁剪后描述。建模仿真阶段对应于系统工程中的综合集成,目的是定义系统代码的组织结构,以 Agent 的形式实现系统功能,实现体系结构框架的动态可执行,以验证体系结构的合理性。

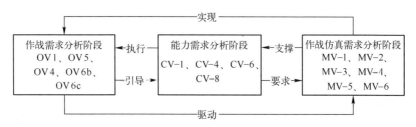

图 3-5　基于 MAS 视角的体系结构建模仿真过程

3.3.3　基于接口的可扩展建模仿真

　　装备体系属于典型的复杂巨系统,并且随着新技术、新装备的不断加入,其实体类别会不断扩大,内部交互关系也会愈加复杂,由此衍生了可组合建模能力需求。可组合模型框架是基于模型框架实现组合仿真的思路,针对所研究的应用领域,设计一套具有良好的层次组合机制和外部扩展机制、独立于具体技术实现细节、能够应对不断变化的世界并且具有长期的领域共性不变知识体系结构。基于可组合建模框架的仿真应用开发面向一定的应用领域,特别是装备体系这类大规模复杂系统体系结构仿真,有着自己鲜明的特点,尤其适合于面向对象思想的基于 Agent 的建模仿真规范。

　　可组合建模的实现需要借助于编程语言的接口与继承技术,并且是建立在对领域共性不变知识体系结构有一个全面、深刻的认知的基础之上的。对于装备体系这类高度抽象的复杂巨系统,可以首先在体系结构层面建立仿真系统的顶层抽象框架,仿真调度运行是在顶层抽象框架层面进行的,每个顶层框架元素都提供必需的统一规范接口,可将所有的接口与模型集成起来建立组件仓库,然后底层仿真具体应用通过继承顶层框架的各个不同接口实现装备体系的可组合和可扩展的目的,基于 Agent 的可组合建模仿真框架概念图如图 3-6 所示。

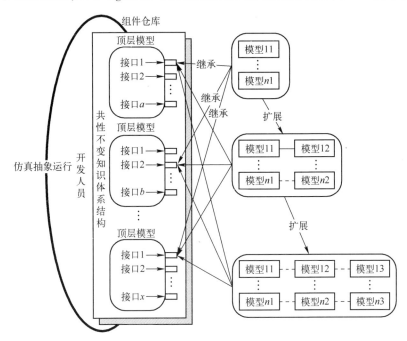

图 3-6　基于 Agent 的可组合建模仿真概念图

3.4　基于 MAS 视角的装备体系体系结构设计

3.4.1　作战需求阶段

1. 高层作战概念模型

分析作战节点、系统、组织、信息流和环境背景对象,构建高层作战概念图 OV-1,如图 3-7 所示。由预警卫星、中继卫星、侦察卫星、预警机等装备组成感知网,由导弹发射车、歼击机、坦克等组成火力网,由地面通信站、通信车等组成基础网,由多个指挥中心组成决策网,由急救中心、补给车等组成保障网,网内与网间不断进行信息交互,形成多种类型的作战活动,不仅有火力打击,也有后勤保障,多种活动穿插进行,信息流程灵活变化。装备体系体系结构的最大特点是"以网络为中心",各个节点高度互联互通,信息可以按需灵活共享,实现"发现即意味着打击"的作战目标。

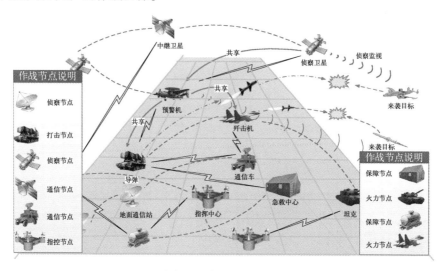

图 3-7　装备体系高层作战概念图(OV-1)

2. 高层作战活动模型

在 OV-1 的基础上,分析装备体系作战节点之间的通信关系,包括隶属关系、互联关系以及共享关系,对应通信命令、情报信息、情报信息,建立信息流动的逻辑网络。由于装备体系的节点之间高度互联互通,信息流向灵活多变,因此装备体系节点之间的信息流动及方向不固定。在不同的作战需求、不同的作战环境下,装备体系节点之间产生不同的逻辑响应,其根本原则是缩短从"传感器"到"射手"之间的打击链路,同时使节点之间的协同配合达到最佳状态,确保信息无冗余,并确保作战效能的最大化。在此基础上,构建装备体系的基础通信活动链、侦察感知活动链、火力打击活动链、后勤保障活动链、指挥控制活动链,基于 IDEF0 活动描述语言,构建装备体系高层作战活动节点树模型 OV-5,如图 3-8所示。

针对装备体系高层作战活动层次关系进行分解得到一级作战活动分解模型,如图 3-9 所示,其中箭头表示输入或输出信息,可以看出基础通信活动处于核心地位,是其他作战活动的基础。进一步,分别对高层作战活动节点中的基础通信、侦察感知、火力打击、指挥控制以及后勤保障进行分解,得到相应的二级作战活动分解模型。图 3-10 为基础通信、侦察感知、火力打击以及指挥控制的二级作战活动分解模型示意图。其中战场侦察以及情报共享等二级作战活动可以进一步分解得到三级作战活动模型。

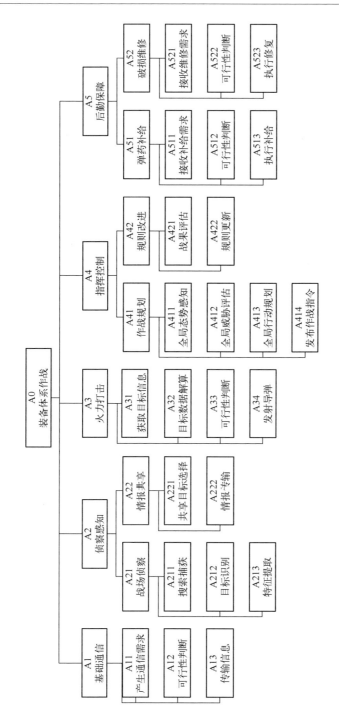

图 3-8　装备体系高层作战活动节点树模型（OV-5）

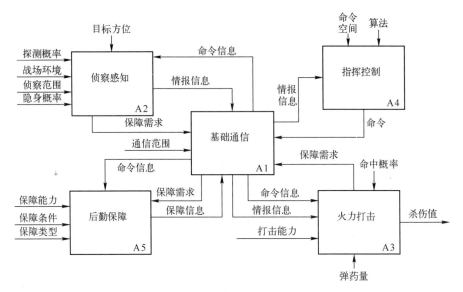

图 3-9 一级作战活动分解模型

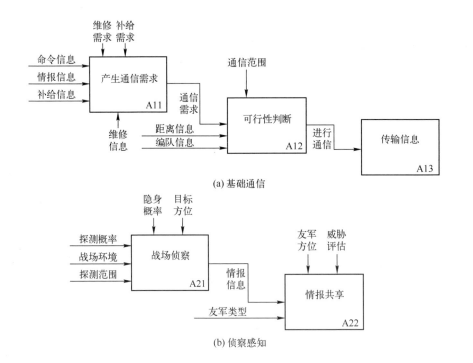

(a) 基础通信

(b) 侦察感知

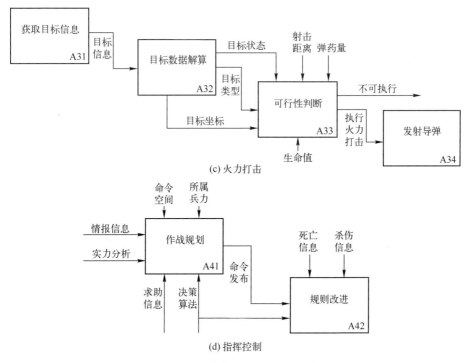

(c) 火力打击

(d) 指挥控制

图 3-10　二级作战活动分解模型(部分)

3. 作战组织关系与节点状态转换模型

在 OV-5 的基础上,分析装备体系作战组织关系,构建装备体系高层作战组织关系 OV-4,如图 3-11 所示。

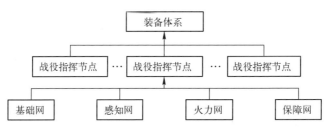

图 3-11　装备体系高层作战组织关系(OV-4)

在 OV-5 以及 OV-4 的基础上,分析作战节点状态转换规律,构建装备体系高层作战节点状态转换描述 OV-6b。图 3-12 为侦察类、打击类、指挥控制类、补给类、维修类、通信类节点的状态转换图。

可以看出,所有作战节点都在指挥控制节点的控制下执行任务,体现在对指挥控制节点的跟随与队形保持上。指挥控制节点的作战过程大致可以分为：进攻阶段、交战阶段、撤退阶段。在仿真开始时，尚未探测到敌情信息，表现为侦察到的敌军数目为零，此时，双方阵营的指挥控制节点均向前移动，此阶段为进攻阶段。当与敌方接触时，表现为侦察到的敌军数目不为零，指挥控制节点停止前进并控制所属节点执行交战行为，此阶段为交战阶段。当友军数目为零或者敌军数目为零时，指挥控制节点会选择继续追击或者撤退。为简化建模复杂性，可以将进攻阶段与撤退阶段的指挥控制规则予以固定，而在交战阶段则启用认知决策算法。

图 3-12 中给出的是一个仿真步长之内的节点状态转换规律，即当节点状态进入末端后会立即开始下一次状态循环。另外可以看出，指挥控制类节点的部分状态与行为的映射已经提前固定，这是由于这些状态对应的行为基本是可以确定的，例如当友军与敌军数目均为零时只能执行向前移动的行为，但是当友军与敌军数目均不为零时，则需要调用相应的认知决策算法。另外可以看出，所有的作战行为均由信息牵引，即信息是针对装备体系建模仿真的核心要素，这也体现了信息主导的特点。

4. 作战事件跟踪描述模型

在 OV-5、OV-4、OV-6b 的基础上，给出装备体系作战活动时间序列模型，构建高层装备体系作战事件跟踪描述模型 OV-6c，OV-6c 可用基于 UML 的序列图表示，如图 3-13 所示。

可以看出，所有的通信信息都为异步消息，从而保证了每个节点的独立性。需要说明的是，装备体系作为一个复杂巨系统，其内部交互关系受实体规模影响，规模越大，交互关系越复杂，不可能全部画出，图中给出的模型只是局部。

3.4.2　能力需求阶段

1. 作战能力构想模型

在作战需求分析阶段相应体系结构产品的基础上，进一步进行体系结构的能力需求分析，对体系的能力需求满足问题进行跟踪。根据装备体系高级作战概念图 OV-1，分析装备体系的能力需求，得到能力构想模型 CV-1，如表 3-3 所列。

表 3-3　装备体系能力构想(CV-1)

能力域	能力类型	期望结果	评估方法
战略级	体系层次，涌现性能力指标	涌现出最佳能力，满足作战需求，实现最佳体系结构	基于作战仿真的效能度量
战役级	系统层次，指挥控制能力指标	实现最佳的局部系统能力涌现，最佳的装备协同与毁伤减免	基于作战仿真的效能度量
战术级	装备个体，性能指标	装备性能完好发挥	基于战役级

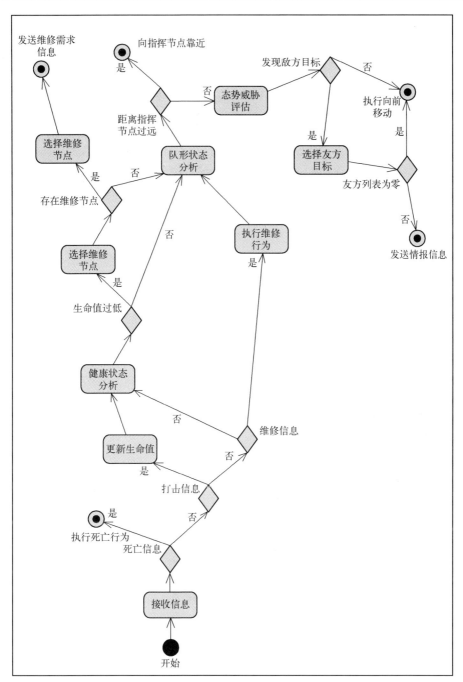

(a) 侦察类作战节点状态转换模型

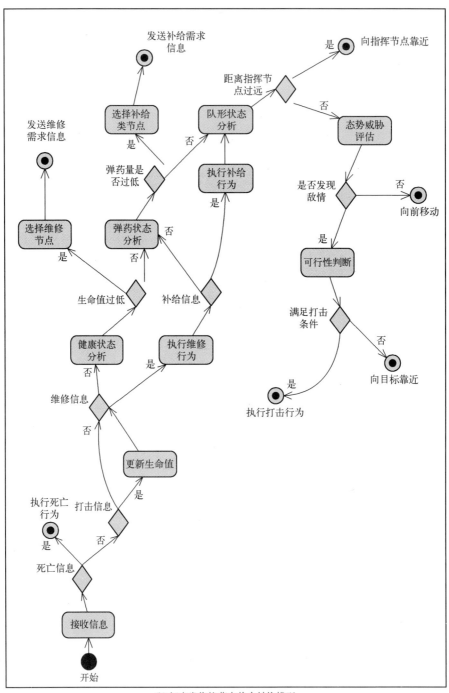

(b) 打击类作战节点状态转换模型

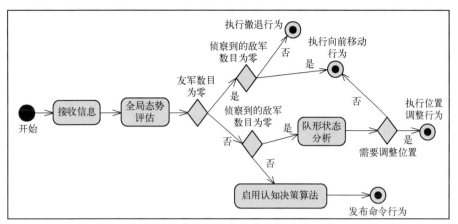

(c) 指挥控制类作战节点状态转换模型

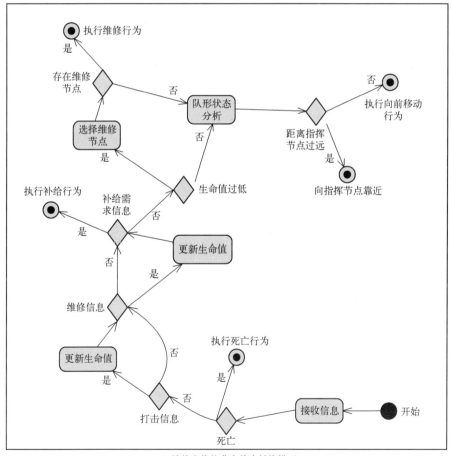

(d) 补给类作战节点状态转换模型

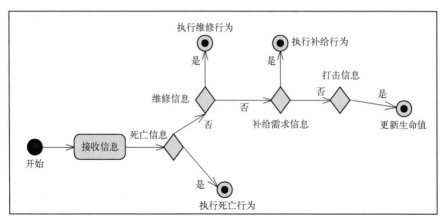

(e) 维修类作战节点状态转换模型

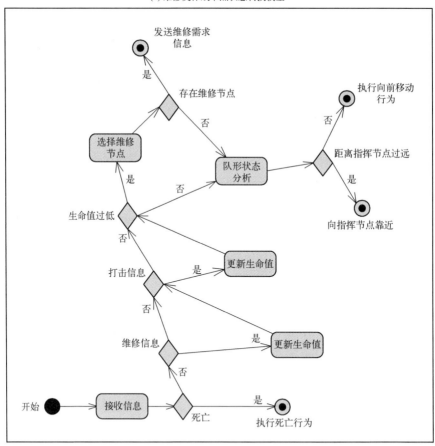

(f) 通信类作战节点状态转换模型

图 3-12　装备体系高层作战状态转换图(OV-6b)

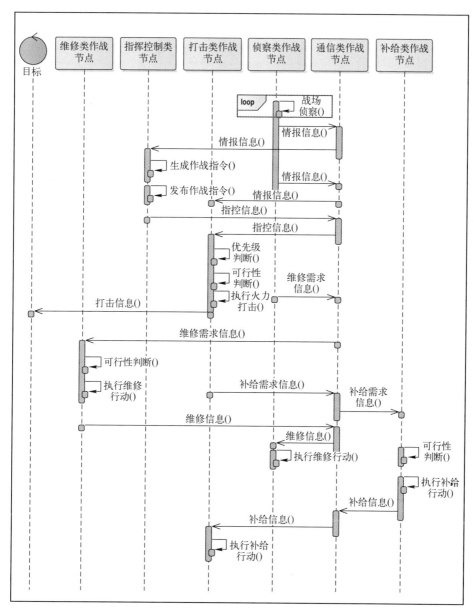

图 3-13　装备体系高层作战事件跟踪描述模型(OV-6c)

2. 作战能力与隶属关系模型

根据 CV-1 逐级细化,对能力指标分层分类,设计能力的隶属关系,确定不同类型、不同层级能力如何聚合,构建装备体系能力隶属关系 CV-4,如图 3-14

所示。可以看出,装备体系的能力层次关系非常复杂,相互之间具有隶属关系也具有一定的耦合关系和依赖关系。

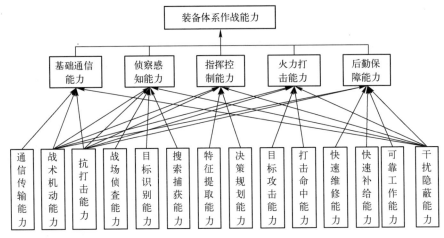

图 3-14　装备体系能力隶属关系(CV-4)

3. 作战能力与高层组织节点的映射

在 CV-4 的基础上,应首先分析能力对作战活动的映射关系,以构建能力与作战活动映射矩阵 CV-6,如表 3-4 所列,确定装备体系基本作战活动,表中的作战活动是装备体系规定的基本顶层作战活动,●表示强映射,○表示弱映射。

表 3-4　装备体系能力与作战活动的映射关系(CV-6)

能　力	作战活动				
	侦察感知	基础通信	指挥控制	火力打击	后勤保障
通信传输能力	○	●	○	○	○
战术机动能力	●	●	●	●	●
抗打击能力	●	●	●	●	●
战场侦察能力	●	○	○		
目标识别能力	●				
搜索捕获能力	●				
数据融合能力	○		●		
特征提取能力	○		●		
决策规划能力			●		
目标攻击能力				●	
打击命中能力				●	

（续）

能　　力	作战活动				
	侦察感知	基础通信	指挥控制	火力打击	后勤保障
快速维修能力					●
快速补给能力					●
可靠工作能力					●
干扰隐蔽能力	●	●	●	●	●

　　然后在 CV-6 的基础上,分析作战活动到组织节点的映射关系,构建作战活动与组织的映射矩阵 CV-8,如图 3-15 所示。图中的组织是装备体系的高层组织,可以看出,感知网、基础网、指挥控制网、火力网以及保障网与装备体系的顶层架构相互对应,保证了装备体系作战组织结构与顶层架构的一致性。

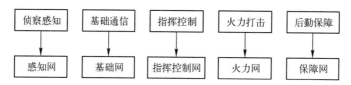

图 3-15　作战活动对组织的映射关系(CV-8)

3.4.3　仿真需求阶段

　　仿真需求阶段是装备体系体系结构框架 MAS 建模仿真实现阶段,确保框架能够满足一段时间内的新型装备组网,以及基于 MAS 的装备体系体系结构动态可执行建模仿真需求。

1. 作战组织与 Agent 之间的映射模型

　　根据 CV-8,分析作战组织到 Agent 之间的追溯,确定 Agent 如何支持作战组织的运行,构建作战组织与 Agent 之间的映射模型 MV-1,如图 3-16 所示。其中,感知网所属作战节点高度组合并映射为侦察 Agent(Scout Agent,SCAgent),基础网所属作战节点高度组合并映射为通信 Agent(Communication Agent,CCAgent),火力网所属作战节点高度组合并映射为打击 Agent(Attack Agent,ATAgent),决策网所属作战节点高度组合并映射为指挥控制 Agent(Command Agent,CMAgent),保障网所属作战节点高度组合并分别映射为补给 Agent(Supply Agent,SUAgent)以及维修 Agent(Repair Agent,RPAgent)。由于 CV-8 中的组织为高层作战组织,因此对应的 Agent 为高层作战 Agent。

图 3-16　装备体系作战组织与 Agent 之间的映射模型(MV-1)

2. Agent 与功能之间的映射模型

在 MV-1 的基础上,根据 CV-8,分析 Agent 功能组成,建立 Agent 功能层次结构模型 MV-2,如图 3-17 所示。

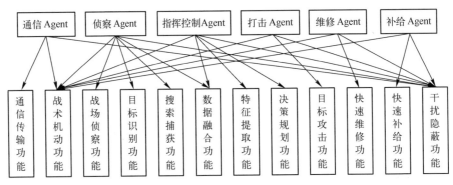

图 3-17　装备体系高层 Agent 功能描述树(MV-2)

其中基础通信功能对应于通信 Agent、侦察感知功能对应于侦察 Agent、指挥控制功能对应于指挥控制 Agent、火力打击功能对应于打击 Agent、后勤保障功能对应于补给 Agent 与维修 Agent。

3. Agent 功能到能力的映射模型

分析能力差距与能力冗余,建立 Agent 功能到能力的映射图 MV-3,如图 3-18所示。其中,每个 Agent 功能都对应不同类型的 Agent,是由不同类型 Agent实体分解得到的,同时也是 Agent 类型和功能设置的基础,这里建立的装备体系建模仿真框架就是要确保所有的体系能力都能够被表征,所有的功能都能够被集成。由图可以看出,所有的高层作战能力都得到了 Agent 功能支持,每一个能力几乎都与单个 Agent 功能相对应(可靠工作能力和干扰隐蔽能力与全部功能对应),表明能力无冗余、无缺口,表明 Agent 功能设置基本合理。

4. Agent 数据交互关系模型

结合高层作战事件跟踪描述模型 OV-6c,分析 Agent 交互模型,构建 Agent数据交换矩阵,MV-4 如表 3-5 所列,其中环境节点在一定的评判规则下为

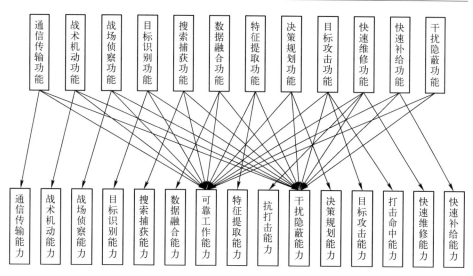

图 3-18　Agent 功能到能力的映射图(MV-3)

Agent 提供环境信息,包括友方态势信息以及敌方态势信息,在 Agent 信息交互过程中发挥着桥梁和纽带的作用。

表 3-5　装备体系高层 Agent 数据交换矩阵(MV-4)

数据交换需求	源 Agent 节点	源 Agent 功能	目的 Agent 节点	目的 Agent 功能
情报信息	侦察 Agent	侦察感知	打击 Agent	火力打击
情报信息	侦察 Agent	侦察感知	侦察 Agent	侦察感知
维修信息	维修 Agent	破损修复	打击 Agent	火力打击
维修信息	维修 Agent	破损修复	侦察 Agent	侦察感知
补给信息	补给 Agent	弹药补给	打击 Agent	火力打击
维修需求	打击 Agent	火力打击	维修 Agent	破损修复
维修需求	侦察 Agent	侦察感知	维修 Agent	破损修复
补给需求	打击 Agent	火力打击	补给 Agent	弹药补给
打击信息	打击 Agent	火力打击	打击 Agent	火力打击
打击信息	打击 Agent	火力打击	侦察 Agent	侦察感知
死亡信息	环境节点	Agent 交互评判	指挥控制 Agent	指挥控制
死亡信息	环境节点	Agent 交互评判	打击 Agent	火力打击
⋮	⋮	⋮	⋮	⋮

Agent 层次结构模型 MV-5 与性能参数矩阵 MV-6 可以在实际的建模仿真应用中根据作战想定进行设计。

参 考 文 献

［1］　梁振兴,沈艳丽,等．体系结构设计方法的发展及应用[M]．北京:国防工业出版社,2012.

［2］　葛冰峰．基于能力的武器装备体系结构建模、评估与组合决策分析方法[D]．长沙:国防科学技术大学研究生院,2014.

［3］　DoD Architecture Framework Working Group. DoD architecture framework version 2.0［R］.U.S.: Department of Defense,2009.

［4］　Bondar S,Hsu J C,Pfouga A,et al. Agile digital transformation of System-of-Systems architecture models using zachman framework[J]. Journal of Industrial Information Integration,2017(7):33-43.

［5］　葛冰峰,任长晟,赵青松,等．可执行体系结构建模与分析[J]．系统工程理论与实践,2011,31 (11):2191-2201.

［6］　刘小海,田亚飞．C4ISR 体系结构框架及设计方法[J]．火力与指挥控制,2010,35(1):6-8.

［7］　张列刚．空军武器装备论证理论与方法[M]．北京:国防工业出版社,2011:20-30.

第4章　装备体系的多粒度建模方法

4.1　引言

本章介绍基于多粒度建模（又称多分辨率建模，Multi-Resolution Modeling，MRM）的装备体系建模仿真方法，以解决装备体系作战仿真过程中计算复杂度过高的问题。

当前，针对多粒度建模的研究还远未达到成熟的地步，主要是因为传统的聚合解聚方法面临一系列难以有效解决的瓶颈，包括聚合解聚机制、聚合解聚仿真误差、一致性维护、链式解聚等，也正是这些瓶颈严重制约了聚合解聚法的实际应用[1,2]。模型的一致性交互是指当不同分辨率的实体进行交互时，必须满足交互的相同分辨率要求，为此不同分辨率的实体要进行转化，即聚合与解聚。由于在实际的仿真过程中，不同实体间的交互是十分频繁的，且是不可预知、不可控制的，因此必然导致频繁的聚合解聚，而执行一次聚合解聚的资源开销是十分大的，致使总体资源开销更大。此外，聚合解聚过程所造成的仿真误差是不可避免的，且可以想象其误差的主要引入源头是实体的聚合以及解聚过程，而单纯地通过一致性交互也无法从根本上弥补聚合解聚过程所造成的信息损失。实际上，高低分辨率模型之间的转换过程也是一个相互结合、相互校准的过程，因此可在一定程度上消除由于模型的非一致交互等其他由于多粒度建模的引入而损失的逼真度。鉴于此，允许跨分辨率的交互现象发生，避免过分追求微观个体一致性交互，使得聚合解聚操作不受控于实体的动态复杂交互，而是以固定周期驱动模型的自动聚合解聚，则是一个行之有效的突破口。

4.2　多粒度建模技术

4.2.1　装备体系建模仿真复杂性空间

作为一个复杂巨系统，装备体系的复杂性要远远高于传统的战争复杂系统，包括数量与类别维度、不确定性维度、认知维度以及交互维度，由这些复杂性维度构成了装备体系建模仿真复杂性空间,如图 4-1 所示。这些复杂性维度既单独作用,又向上增强,使得针对装备体系的建模仿真复杂度呈爆炸性增长趋势。

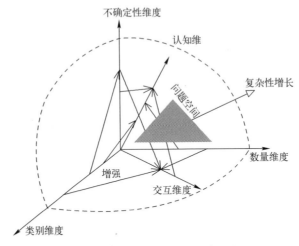

图 4-1　装备体系建模仿真复杂性空间

1. 实体数量与类别维度

装备体系的数量和规模是巨大的,直接作战兵力不仅包括地面兵力,还包括空中、海面兵力,既跨物理域,还跨认知域。具体来讲,组成装备体系的装备数目能达到千量级甚至上万个,类别达到几十种甚至上百种,这是与传统的战争复杂系统的主要区别。

2. 不确定性维度

组成装备体系的装备要素属性、系统功能约束以及时间维度和空间维度都可能存在不确定性信息,这些信息或者采用模糊数表示,或者采用区间值表示,也或者采用随机数表示,使得针对装备体系的作战仿真研究面临大量的不确定性信息。

3. 实体交互维度

武器装备实体之间的交互构成了装备体系作战仿真研究的实体交互复杂性维度,包括通信交互、情报交互、指挥控制交互、打击交互、维修与补给交互等。装备体系的交互维度不仅限制了交互行为建模,更带来了网络通信负担,并且随着实体数目的快速增长而呈爆炸性增长趋势,成为制约装备体系建模仿真研究的主要问题之一。

4. 认知维度

认知决策是战争复杂系统不可或缺的重要环节,也是战争复杂系统建模仿真中的主要难题,尤其是在实体数量与类别规模、不确定性信息、复杂交互维度的影响下,装备体系的认知维度面临更大的不确定性和复杂性。其中,宏观指挥控制层次的认知维度复杂性更高[3],不仅要考虑我方宏观信息,还要考虑敌方宏观信息、环境信息等,是基于 MAS 的装备体系作战仿真研究主要难点。

过高的复杂度成为制约装备体系建模仿真研究的主要难点,因此如何有效降低装备体系建模仿真研究的复杂度,缩小复杂性空间,是装备体系建模仿真研究需要解决的首要问题。而实体的数目维度作为装备体系复杂性空间的最底层维度,是其他复杂性维度的增长点,对于装备体系建模仿真复杂性空间具有更重要的影响,因此如何从实体数目维度方面对复杂性进行化简,成为降低装备体系建模仿真复杂性空间的主要突破点。

4.2.2　多粒度建模概念内涵

分辨率是指物体可以被分辨的最小尺度,在作战仿真领域,主要是指模型描述现实世界的详细程度,也就是指模型对事物细节描述的多少。多粒度建模,也称为可变分辨率建模、混合分辨率建模、跨分辨率建模、多分辨率建模,主要是指对所要研究的问题在不同分辨率尺度上建立的多种分辨率模型[4]。建模仿真都要面临分辨率的选择问题,分辨率越细,对真实世界的描述程度越逼近,仿真结果也就越真实。然而,过细的仿真分辨率必然面临过度的计算开销,造成仿真效率低下甚至无法运行,因此才有了多粒度建模的概念。多粒度建模主要也是为了减少仿真计算的复杂度,同时兼具模型的描述细节,是作战仿真中的一项关键技术[5]。文献[2]在认知习惯的需要、模拟资源的限制、分布应用的需要以及现实世界的不确定性四个方面对多粒度建模技术在装备体系建模仿真研究中的必要性进行了详细说明。

多粒度建模技术通过不同粒度实体的聚合解聚,使建模仿真过程实体的数量大大减小,即复杂性空间中实体数目维度的减小,进而以指数形式实现交互维度的复杂程度减小。而为了减小这种聚合带来的误差影响,又通过多粒度建模特有的互校准特性[6],实现宏观信息与微观信息的不断相互指导,进而弥补这种调度机制导致的一致性误差影响。

目前,国内外众多学者对多粒度建模进行了大量的理论基础研究,然而部分概念还需要进一步统一。文献[7]将模型分辨率分为若干种类(基于实体、属性、输入、输出、行为等),并以此为基础提出了"方向分辨率"的概念,将不同的种类表示为不同的方向。文献[8]把模型分辨率分为实体分辨率和过程分辨率两种,认为一个模型的分辨率由它的实体分辨率和过程分辨率共同决定。文献[9]在总结多粒度建模相关成果的基础上,对模型分辨率、方向分辨率、模型的细节层次、模型的详细程度、模型的时间细度、模型的过程细度、多分辨率模型族、多分辨率模型系进行了重新定义,进一步规范了多分辨率建模的相关概念。

4.2.3 典型多粒度建模方法

1. 子模型替代法

子模型替代法又称为元模型法,其基本思想是通过数据拟合建立高分辨率模型的代理模型,将代理模型嵌入到低分辨率仿真模型中运行[10]。由于代理模型相比原模型具有更高的计算效率,进而提高了整体的仿真效率。在实际应用过程中,可以根据需要建立多个仿真层次的多个元模型,不同层次的元模型可以逐级聚合得到高层元模型。

针对元模型的嵌入和聚合问题,文献[10]提出了一种跨层次建模仿真方法论,包括元模型的嵌入方法(包括元模型语义结构的构造、确定嵌入的实体结构、确定元模型的实验框架、元模型的条件匹配、根据元模型的数学结构订购其输入变量、输出变量的计算与反馈等环节)以及元模型的聚合方法(包括低层仿真系统实验框架的建立、不同实验框架的语义关系建立、不同低层系统的元模型语义结构、元模型的匹配、元模型的组合以及元模型的输入输出串联计算等环节)。文献[11]研究了基于高斯元模型的多粒度建模方法,提出了基于分布估计算法的高斯过程元模型参数优化方法。文献[12]针对雷达仿真需求提出了一种基于元模型法的多分辨率雷达仿真框架,通过对雷达功能仿真以及信号仿真分别建立相应的仿真组件,并按照分辨率条件实现不同分辨率组件的组合仿真,较好地满足了多样性仿真需求。元模型法在效率提升方面效果明显,但是如何通过解析公式或者训练样本实现元模型的有效构建却面临困难。

2. 多重表示法

多重表示法[13]的思想是维护一个实体的多个粒度模型,不同粒度模型在所有时间内同步运行。其核心机理是利用高层次模型的宏观决策优势以及低层次模型的细节刻画优势,通过高低模型之间的互补实现较高的模型逼真度。文献[14]提出了一种基于多重表示法的多分辨率建模框架,其中,低分辨率模型负责宏观控制,高分辨率模型负责微观行为,利用了多分辨率建模在决策方面的宏观优势。然而,该方法涉及模型的一致性维护与并发冲突问题,且由于所有粒度的模型同步运行,造成了较高的算法复杂度,应用范围有限。

3. 聚合解聚法

聚合解聚法(Aggregate and Disaggregate)是一种最常用的多粒度建模方法[15,16],其基本思想是根据仿真需要对实体进行动态的聚合解聚,通过聚合从整体上降低仿真全周期的实体规模,通过解聚实现高低分辨率模型的相互校准,最终在减小仿真调度开销的同时又不会对仿真的真实性造成太大的影响。其基本原理是建立同一个层次对象的多个粒度模型,不同粒度模型之间通过聚合解聚实现转换,如图 4-2 所示。通常不同粒度的模型同时运行,根据需要执行聚合解聚行为,例如当某个低粒度的实体需要与某个高粒度的实体交互时,低粒度的实体需要解聚为与高粒度实体同一层次的粒度以实现交互。

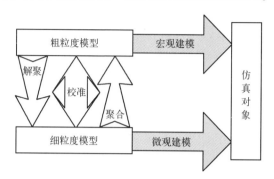

图 4-2　基于聚合解聚的多粒度建模仿真机制

聚合解聚又分为完全聚合解聚、部分聚合解聚以及伪聚合解聚,主要需要考虑的问题是如何实现聚合解聚以及如何保持模型的一致性。文献[17]提出通过伪聚合解聚技术(Pseudo A/D Method)实现不同粒度之间的数据交互,通过创建伪模型,减少不同粒度转换的频率,降低了仿真运行开销。文献[18]提出了一种基于多粒度的 DEVS 仿真规范的形式化描述,对多粒度实体的聚合解聚、一致性映射函数以及通过子模型耦合导致的整体涌现性等内容进行了研究,重点解决不同分辨率模型的互操作问题。文献[19]重点分析了聚合解聚理论以及模型的一致性,通过中间模型保持高低分辨率实体的一致性,中间模型起到映射、交互策略等作用,并提出了强一致性与弱一致性的概念。文献[20]提出了一种基于本体映射的多分辨率实体模型一致性维护技术,通过判断不同分辨率模型在同等输入参数条件下的输出差异来衡量模型之间的一致性,并据此对模型进行修正。可以看出,这些一致性模型的实现均过于复杂,不利于大规模体系的实际应用。

4.2.4　问题分析

目前,多粒度建模仿真技术在多个领域已经获得了初步应用,然而在作战仿真领域的应用则尚不多见。例如:文献[22]将聚合解聚技术应用于物流系统的模型研究;文献[17]基于聚合解聚对列车安全实际监测过程进行了建模应用;文献[23]将多分辨率聚合解聚技术用于人流分散场景的模拟研究;文献[21]将多分辨率技术应用到了作战仿真中,为了提高任务的一致性,通过对聚合级作战实体的任务信息进行抽取建立了多分辨率实体,在一定程度上提高了多分辨率建模技术的一致性,但增加了仿真调度负担,也没有具体研究该模型对仿真调度复杂度以及计算性能的影响。

目前,针对多粒度建模的研究主要以理论研究为主,部分方法手段如聚合解聚法的技术体系尚不完善,对于多粒度建模的一致性维护、聚合解聚机制等关键问题还缺乏面向实际应用的深入研究,尤其是链式解聚问题,如图 4-3 所示。由于低分辨率实体 LRE2 的解聚导致了另一个低分辨率实体 LRE3 的被迫解聚,而假如 LRE3 还与其他低分辨率实体交互,则会导致更多的低分辨率实体解聚,加剧了仿真负担。链式解聚问题由于受大规模仿真实体的内部交互影响变得十分复杂,成为制约聚合解聚法的应用瓶颈。虽然多粒度建模技术已经取得了一定的应用,但是真正应用到作战仿真领域尚不多见,部分应用也没有从计算复杂度约简的角度进行专门分析研究,从而削弱了多粒度建模技术的应用价值。

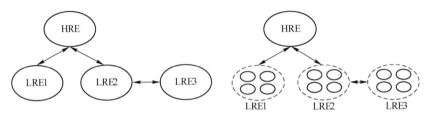

图 4-3　链式解聚示意图

4.3　基于周期驱动的聚合解聚多粒度模型

本节将介绍一种多粒度建模仿真方法——基于周期驱动的聚合解聚多粒度模型(Cycle drive dynamic Aggregation and Disaggregation Multi-Resolution,CAD-MR)。

4.3.1　周期驱动机制

1. 基本思想

定义 4-1(宏观一致性): 在相同的实验框架下,多分辨率模型在整体上具有相同的输入、输出、行为、状态或结构。

CADMR 模型的主要依据和出发点如下:

(1)模型的聚合以及解聚过程是引入仿真误差的主要源头,而不是模型的非一致性交互,面向具体的问题,通过一定的机制实现非一致交互是可行的。

(2)传统的多粒度建模过程为了实现宏观模型一致性,对所有微观个体的一致性进行维护,需要为不同粒度的模型保存中间映射列表以及特殊的粒度标识,实现过程异常复杂。

(3) 传统的多粒度建模方法受控于实体内部的复杂交互,面临链式解聚以及频繁的聚合解聚问题,是限制多粒度建模广泛应用的瓶颈。

CADMR 模型的聚合解聚不以一致性交互为导向,而是以周期驱动的方式进行,同时在调度上不区分实体的分辨率等级,并允许不同的分辨率模型发生交互。相比传统的聚合解聚模型在一致性交互方面的要求,CADMR 模型一定程度上降低了真实性,但是通过模型的多次动态聚合解聚以及高低分辨率模型间特有的相互校准功能最终可以消除跨分辨率交互对仿真真实性的影响。相比传统的聚合解聚模型,CADMR 模型具有诸多优势,不仅省去了聚合解聚法一致性维护的麻烦,而且避免了由此带来的过高额外资源开销。

2. 调度机制

调度机制的原理是按照一定的周期 T 和百分比 λ 进行聚合解聚,即每经过 T 个时钟,系统按照百分比 λ 对所有满足条件的 Agent 执行聚合操作,而被聚合 Agent 会在经过 βT 个时钟的时候自动执行解聚操作,即聚合解聚操作不受控于实体的动态复杂交互,如图 4-4 所示。其中 T 为聚合解聚周期,βT 为聚合解聚分界,β 为分界因子,$0<\beta<1$,N 为初始 Agent 总数,N_t 为 t 时刻 Agent 的总数。当未发生交互时,解聚后的 Agent 总数保持不变,且希望装备体系的效能也维持不变,N' 为聚合阈值,当 $N_t<N'$ 时不会再进行聚合。

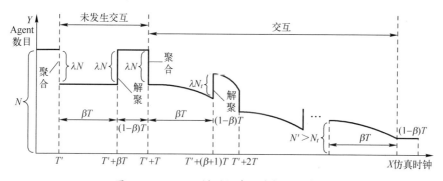

图 4-4　CADMR 模型仿真调度机制示意图

可以看出,当 $t \in [T'+kT, T'+(\beta+k)T]$ 时,高低分辨率模型并行运行,模型的计算复杂度得到降低,但是模型的仿真误差较高,这是由聚合操作引起的,是不可避免的。当 $t \in [T'+(\beta+k)T, T'+(k+1)T]$ 时,只有高分辨率模型运行,模型的计算复杂度较高,但是模型的仿真误差较低。多粒度建模技术正是通过不断的聚合解聚操作实现高低分辨率模型之间的校准,从而降低聚合操作引入的误差。

此外,β 越大,仿真效率越高,但是模型的误差也相应变大,因此应该综合两者考虑适当设置 β 的值。

3. 与传统多粒度建模的区别

CADMR 模型的聚合解聚与传统的多分辨率模型的聚合解聚(以参数化的聚合解聚为主[22])是相同的,其唯一的区别在于模型的调度机制。由于传统的多分辨率建模追求微观上的一致性,需要进行模型的一致性维护,而受实体内部的复杂交互以及链式解聚影响,传统的模型一致性维护是非常困难且难以适用的。CADMR 的多分辨率调度不受实体内部的交互影响,而是以固定的周期为驱动,且允许一定的跨分辨率交互,相当于大大简化了多分辨率的调度过程,使得模型的调度更加灵活高效,从而大大促进了动态聚合解聚多分辨率建模技术的推广应用。

4.3.2 模型形式化表示

首先结合 CADMR 模型基本机理,采用七元组表示基于 CADMR 模型的 Agent 为

$$MRE = <I, Ak, Ap, Ac, Ao, Ai> \tag{4-1}$$

式中:$I = \{i \mid i \in N\}$ 为 Agent 的标识;Ak 为 Agent 的类别;$Ar = \{h \mid h \in \{1,2\}\}$ 为 Agent 的粒度,2 表示高分辨率,1 表示低分辨率;Ap 为 Agent 的属性集合,满足

$$Ar_i \leqslant Ar_j \wedge Ak_i = Ak_j \rightarrow |Ap_i| \geqslant |Ap_j| \wedge Ap_j \subseteq Ap_i \tag{4-2}$$

式中:Ac 为 Agent 的行为集合,满足

$$If: Ak_i = Ak_j \longmapsto Ac_i = Ac_j \tag{4-3}$$

此外,Ai 为 Agent 的输入消息集合;Ao 为 Agent 的输出消息集合。

在对多分辨率 Agent 的定义的基础上,设某时刻 t 的装备体系组成集合为

$$U(t) = \{MRE^1(t), MRE^2(t), \cdots, MRE^I(t)\} \tag{4-4}$$

式中:I 为 Agent 类型总数;$MRE(t) = \{MRE^{i,L}(t), MRE^{i,H}(t)\}$;$H$ 为第 i 种类型 Agent 的高分辨率实体集合;L 为低分辨率实体集合,可知,本章设计的 CADMR 框架只包括两种类型的多粒度实体。进一步,将不同粒度的 Agent 集合表示为

$$MRE^{i,h}(t) = \{MRE_1^{i,h}(t), MRE_2^{i,h}(t), \cdots, MRE_j^{i,h}(t), \cdots, MRE_{M_{ih}(t)}^{i,h}(t)\}$$

$$\tag{4-5}$$

式中:$M_{ih}(t)$ 为第 i 种类型 Agent 第 h 种粒度实体的数目;$MRE_j^{i,h}(t) = [X_{j,1}^{i,h}(t), X_{j,2}^{i,h}(t), \cdots, X_{j,n_i}^{i,h}(t)]$;$n_i$ 为第 i 种类型 Agent 的属性个数,与粒度无关,因此同种类型的 Agent 是同质的,而不论其分辨率是否相同,目的是保证不同粒度实体具有相同行为并能进行跨分辨率交互。

假设 m_i 个高分辨率实体 $\{\mathrm{MRE}_1^{i,h}(t), \mathrm{MRE}_2^{i,h}(t), \cdots, \mathrm{MRE}_{m_i}^{i,h}(t)\}$ 聚合为一个低分辨率实体 $\mathrm{MRE}^{i,L}(t)$，其中 $m_i(t) = \lambda M_i(t)$，$M_i(t)$ 为 $U(t)$ 中第 i 种类型 Agent 的规模，即聚合操作满足同质性。$0 < \lambda < 1$ 为百分比，且 $\mathrm{MRE}^{i,L}(t)$ 的每一个属性 $X_j^{i,L}(t)$ 都由聚合函数 f_j^i 以及增益因子 $0 < \delta_j^i$ 决定，假设实体不同属性相互之间聚合不相关，则函数的自变量为所有被聚合实体 $\mathrm{MRE}_j^{i,H}(t)$ 的所有第 j 个属性，即

$$X_j^{i,L}(t) = \delta_j^i \otimes f_j^i(X_{1,j}^{i,H}(t), x_{2,j}^{i,H}(t), \cdots, X_{m_i,j}^{i,H}(t)) \tag{4-6}$$

其中符号 $\otimes$ 的意义在于实现属性值的乘积增益：

$$X_j^{i,L}(t) = \begin{cases} \delta_j^i \times f_j^i(X_{1,j}^{i,H}(t), X_{2,j}^{i,H}(t), \cdots, X_{m_i,j}^{i,H}(t)) & \text{当 } X_j^{i,L}(t) \text{ 为越大越好型指标时} \\ f_j^i(X_{1,j}^{i,H}(t), X_{2,j}^{i,H}(t), \cdots, X_{m_i,j}^{i,H}(t)) / \delta_j^i & \text{当 } X_j^{i,L}(t) \text{ 为越小越好型指标时} \end{cases}$$
$$\tag{4-7}$$

对于解聚操作，假设一个实体 $\mathrm{MRE}^{i,L}(t)$ 解聚为 $\overline{m}_i(t)$ 个实体 $\{\mathrm{MRE}_1^{i,H}(t), \mathrm{MRE}_2^{i,H}(t), \cdots, \mathrm{MRE}_{\overline{m}_i(t)}^{i,H}(t)\}$，可以肯定的是 $\overline{m}_i(t) \propto \delta_j^i m_i(t)$。同理，每个高分辨率实体 $\mathrm{MRE}_k^{i,H}(t)$ 的第 j 个属性由解聚函数 $\overline{f}_j^i$ 决定，借鉴文献 [23] 的做法，解聚函数需要利用部分历史信息，为此 $\overline{f}_j^i$ 的自变量为实体 $\mathrm{MRE}_i^i(t)$ 的第 j 个属性以及部分聚合参数 $\chi^{i,L}(t - T/2)$ 加上序号 k，T 表示周期，其意义是保存的聚合时参数，是行为无关参数，如聚合前实体集合的数目、属性区间等，即

$$X_j^{ih}(t) = \overline{f}_j^i(X_j^{i,L}(t), \chi_1^{i,L}(t - \beta T), \cdots, \chi_p^{i,L}(t - \beta T), k) \tag{4-8}$$

式中的参数 $p + 2 = \overline{m}_i \times n_i$，即 $\overline{f}_j^i$ 的自变量数目远远少于因变量数目，因此解聚过程更困难一些，综上，完整的 CADMR 模型可以表示如式 (4-9) 所示。其求解目标是 β、λ、δ_j^i、f_j^i、$\overline{f}_j^i$，使得在时刻 t 时，经过聚合解聚变化的 $U'(t)$ 与未经过聚合解聚变化的 $U(t)$ 所有实体完全一致，即所有的参数 $X_j^i(t)'$ 与 $X_j^i(t)$ 相同，其困难程度是难以想象的。为此，通过寻求 $U'(t)$ 与 $U(t)$ 宏观上的一致解，而不去特别关注微观个体的一致性，以避免不必要的求解麻烦。

$$\begin{cases} U(t) = \{\mathrm{MRE}^1(t), \mathrm{MRE}^2(t), \cdots, \mathrm{MRE}^I(t)\} \\ \mathrm{MRE}^i(t) = \{\mathrm{MRE}^{i,L}(t), \mathrm{MRE}^{i,H}(t)\}, \quad i \in [1, I], t \in [T' + T \times a, T' + T \times a + \beta T], a \in N \\ \mathrm{MRE}^i(t) = \{\mathrm{MRE}^{i,H}(t)\}, \quad i[1, I], t \in [T' + \beta T + T \times a, T' + T \times a + T], a \in N \\ \mathrm{MRE}^{i,h}(t) = \{\mathrm{MRE}_1^{i,h}(t), \mathrm{MRE}_2^{i,h}(t), \cdots, \mathrm{MRE}_j^{i,h}(t), \cdots, \mathrm{MRE}_{M_{ih}(t)}^{i,h}(t)\}, \quad h \in \{L, H\} \\ \mathrm{MRE}_j^{i,h}(t) = [X_{j,1}^{i,h}(t), X_{j,2}^{i,h}(t), \cdots, X_{j,n_i}^{i,h}(t)], \quad j \in [1, M_{ih}(t)], h \in \{L, H\} \\ X_j^{i,L}(t) = \delta_j^i \otimes f_j^i(X_{1,j}^{i,H}(t), X_{2,j}^{i,H}(t), \cdots, X_{m_i(t),j}^{i,H}(t)), \quad i = T' + T \times a, a \in N \\ X_k^{i,H}(t) = \overline{f}_j^i(X_j^{i,L}(t), \chi_1^{i,L}(t - \beta T), \cdots, \chi_p^{i,L}(t - \beta T), k) \quad t = T' + \beta T + T \times a, a \in N, k \in [1, \overline{m}] \\ m_i(t) = \lambda M_{iH}(t), \quad t = T' + T \times a, a \in N \end{cases}$$
$$\tag{4-9}$$

为了简化求解,采用效能 $\Gamma(U)$ 来度量 $U'(t)$ 与 $U(t)$ 的差异,即一致性误差,并且将部分参数 $\beta \, f^i_j \, \bar{f}^i_j$ 予以固定,即通过只求解 $\lambda \, \delta^i_j$ 来实现 CADMR 模型的求解,可将 $\lambda \, \delta^i_j$ 称为控制参数。由于 CADMR 通过宏观一致性实现模型的求解,因此模型求解的关键是建立合理的宏观一致性衡量指标。

4.3.3　模型可控性分析

CADMR 模型是否有效的关键在于引入的控制参数 λ 以及 δ,参数 λ 的意义在于控制聚合解聚变化对效能 $\Gamma(U)$ 改变的影响程度,λ 越大影响越大,而参数向量 δ 的意义在于控制聚合解聚变化引入的误差。

1. 计算复杂度可控性

CADMR 模型的计算复杂度可控特性是指通过控制 λ 和 δ 能实现仿真调度复杂度的控制,为基于 CADMR 的仿真调度复杂度约简提供理论支撑,下面将给出证明。

定理 4-1(计算复杂度可控性): 设未进行聚合解聚变化的装备体系组成为 $U(t)=\{E^1(t),E^2(t),\cdots,E^I(t)\}$,$I$ 为装备体系的类别数目,其中 $E^I(t)=\{E^i_1(t),E^i_2(t),\cdots,E^i_{M_i(t)}(t)\}$,$M_i(t)$ 为类别 i 的数目,对于基于聚合解聚变化的装备体系集合,$U'(t)=\{\{(\mathrm{MRE}^1_1(t),\mathrm{MRE}^1_2(t)\},\cdots,\{\mathrm{MRE}^I_1(t),\mathrm{MRE}^I_2(t)\}\}$,满足式(4-9),则通过控制参数 λ 以及 δ,可以实现系统计算复杂度是可控的目的,即计算资源消耗是可控的,$\exists \lambda,\delta,0<\lambda<1,0<\delta$,s.t. $Co(U')/Co(U)=\alpha,0<\alpha<1$,其中 $Co(U)$ 表示 U 的平均资源消耗。

证明: 设 $\beta=1/2$,只需证明每个周期 T 内的计算资源消耗是可控的,忽略聚合解聚算法本身所消耗的计算资源,设每个实体单位时钟的资源消耗是固定的,则只需证明 $|U'|/|U|=\alpha$,$|U|$ 表示 U 的某个周期 T 内单位时钟的实体数目,不失一般性,假设在 T 内实体内部未发生任何交互,即排除其他因素对实体数目的影响,显然 $f^C_C=\sum_{i=1}^{m_C}C(i)$,对于 U',由于先在 $t=T'+T\times a$ 时发生聚合,后在 $t=T'+T/2+T\times a$ 时刻发生解聚,令 $\delta=\min\delta^i_j$,由于 $\overline{m}_i(t)\propto\delta^i_j m_i(t-T/2)$,则可令

$$\overline{m}_i(t)=\delta m_i(t-T/2)=\delta\lambda M_i(t-T/2) \tag{4-10}$$

将一个 T 分成前 $T/2$ 以及后 $T/2$ 两个部分进行分析。需要说明的是,极端情况下,即当 $\delta=0$ 时,可知解聚后的实体数目为 0,即 AD 变化无限减弱了体系,当 $\delta=1$ 时,解聚后的实体总数保持不变,而当 $\delta>1$ 时,解聚后实体数目为 $\overline{m}_i(t)=\delta m_i(t-T/2)>m_i(t-T/2)$,即 AD 变化增强了体系。

对于前 $T/2$:

$$\because \; \left| U'_{t=[T'+T\times a,T'+T\times a+T/2]}(t) \right| = \left| U'(T'+T\times a) \right| = \sum_{i=1}^{I} \left| \{ \text{MRE}_1^i(T'+T\times a), \right.$$

$$\left. \text{MRE}_2^i(T'+T\times a) \} \right|$$

$$\sum_{i=1}^{I} \left| \{ \text{MRE}_1^i(T'+T\times a), \text{MRE}_2^i(T'+T\times a) \} \right| = \sum_{i=1}^{I} \left(\left| \text{MRE}_1^i(T'+T\times a) \right| + \right.$$

$$\left. \text{MRE}_2^i(T'+T\times a) \right|)$$

$$\sum_{i=1}^{I} \left(\left| \text{MRE}_1^i(T'+T\times a) \right| + \left| \text{MRE}_2^i(T'+T\times a) \right| \right) = \sum_{i=1}^{I} \left(M_{1,i}(T'+T\times a) + \right.$$

$$\tag{4-11}$$

$$\left. M_{2,i}(T'+T\times a) \right)$$

$$M_{1,i}(T'+Ta) + M_{2,i}(T'+Ta) = M_{2,i}(T'+Ta) - \lambda M_{2,i}(T'+Ta) + 1 \approx$$

$$M_{2,i}(T'+Ta) - \lambda M_{2,i}(T'+Ta)$$

$$\therefore \; \left| U'_{t=[T'+T\times a,T'+T\times a+T/2]}(t) \right| = \sum_{i=1}^{I} \left(M_{2,i}(T'+Ta) - \lambda M_{2,i}(T'+Ta) \right)$$

对于后 $T/2$，同理算得

$$\left| U'_{i=[T'+T\times a+T/2,T'+T\times a+T]}(t) \right| = \sum_{i=1}^{I} \left(M_{2,i}(T'+T\times a) - \lambda M_{2,i}(T'+T\times a) + \right.$$

$$\left. \delta\lambda M_{2,i}(T'+T\times a) \right) \tag{4-12}$$

则目标变为证明 $\exists \lambda, \delta$，其中 $\lambda \in [0,1], 0 \leqslant \delta$ 使得

$$\left(\left| U'_{t=[T'+T\times a,T'+T\times a+T/2]}(t) \right| / 2 + \left| U'_{t=[T'+T\times a+T/2,T'+T\times a+T]}(t) \right| / 2 \right) \left| U_{t=[T'+T\times a,T'+T\times(a+1)]}(t) \right| = \alpha$$

$$\tag{4-13}$$

进一步整理得到 $(2-2\lambda+\delta\lambda)/2 = \alpha$，由于 $0 < \alpha \leqslant 1$，则只需证明 α 分别为 $0,1$ 时都能满足。首先当 $\alpha = 0$ 时，则可令 $\lambda = 1, \delta = 0$ 即可，而当 $\alpha = 1$ 时，只需令 $\delta = 2$，证毕。

根据 $(2-2\lambda+\delta\lambda)/2 = \alpha$，整理后得到 $2+\lambda(\delta-2) = 2\alpha$，可知当 $\delta < 2$ 时，$\alpha \propto 1/\lambda$，因此要使得复杂度降低最大化，可令 λ 最大为 1。当 $\delta > 2$ 时，$\alpha \propto \lambda$，即 λ 越小复杂度降低越大，但由于 $0 \leqslant \alpha \leqslant 1$，因此 λ 只能为 0，此时 $\alpha = 1$，即无法实现复杂度降低的目的。即要想实现降低复杂度的目的，δ 必须小于 2，且越小越好，而 λ 越大越好，但最大不超过 1。

2. 宏观一致误差可控性

CADMR 模型的宏观一致性误差可控特性是指通过控制 λ 和 δ 能实现聚合解聚过程导致的宏观一致性误差大小可控，为基于 CADMR 的宏观一致性仿真求解提供理论支撑，下面将给出证明。

定义 4-2 (体系效能)：规定条件下，体系能够完成一组特定任务要求程度的度量。"规定条件"主要是指环境、时间、使用方法等要素。

定理 4-2 (误差可控性)：设未进行聚合解聚变化的装备体系组成为 $U(t) = \{E^1(t), E^2(t), \cdots, E^I(t)\}$，$I$ 为装备体系的类别数目，其中 $E^i(t) = \{E_1^i(t), E_2^i(t), \cdots,$

$E_{M_i(t)}^i(t)\}$，$M_i(t)$ 为类别 i 的数目，对于基于聚合解聚变化的装备体系集合，$U'(t)=\{\{\text{MRE}_1^1(t),\text{MRE}_2^1(t)\},\cdots,\{\text{MRE}_1^I(t),\text{MRE}_2^I(t)\}\}$，满足式(4-9)，则通过控制参数 λ 以及 δ，可实现 U' 的效能可控目的，即 $\exists\lambda,\delta,0<\lambda<1,0<\delta$，s. t. $\Gamma(U')=\alpha\Gamma(U)$，其中 $0\leq\alpha$，$\Gamma(U)$ 表示 U 的作战效能。

由于装备体系作为复杂巨系统具有复杂性、非线性、涌现性、动态性、交互性等特征，Γ 可能是关于所有实体参数的一个非线性复杂方程，但目前尚未有一个确切的表达形式，因此寻求 Γ 的求解是不现实的，这里的 Γ 只是作战效能的一种表示形式。为了实现定理 4-2 的证明，首先证明一个关于 Γ 的引理。

引理 4-1(体系增益理论)：If $a\geq b\geq 1$ Then $\Gamma(a\odot U)\geq\Gamma(b\odot U)\geq\Gamma(U)$，If $a\leq b\leq 1$ Then $\Gamma(a\odot U)\leq\Gamma(b\odot U)\leq\Gamma(U)$。

上式中符号 $\odot$ 表示：对于 $\forall/X_{k,j}^{i,h}$，$X_{k,j}^{i,h}=a\otimes X_{k,j}^{i,h}$，$X_{k,j}^{i,h}$ 为 U 中的类别 i 粒度 h 第 k 个 Agent 的第 j 个参数。

证明：由于 $a\odot U$ 表示对于 U 中的所有 Agent 进行了增强，因此相当于对 U 的增强，那么，a 越大，增强程度越大，这是显然的。同理可以推出 $\Gamma(a\odot U)\geq\Gamma(U)$，当 $a\leq 1$ 时，$\Gamma(a\odot U)\leq\Gamma(U)$，当 $a\leq b\leq 1$ 时，$\Gamma(a\odot U)\leq\Gamma(b\odot U)$。

下面对定理 4-2 进行证明：

证明：同样，设 $\beta=1/2$，只需证明每个周期 T 内的误差引入是可控的，设在 $t=T'+T\times a$ 时发生聚合，在 $t=T'+T/2+T\times a$ 时发生解聚，同样，排除其他因素的影响，假设在 T 内未发生任何交互，则问题变为证明解聚后的 $\Gamma(U')$ 是可控的。不失一般性，假设 $\Gamma(U')<\alpha\Gamma(U)$，即需要通过控制参数 λ、δ 使得 $\Gamma(U')$ 变大，令 $\delta=\min\delta_j^i,\lambda=1$，且由于 $f,\bar{f}$ 均为线性方程，可知

$$\because m_i(T'+T\times a-T)=\lambda M_i(T'+T\times a-T)=M_i(T'+T\times a-T)$$

$$\therefore U'(T'+T\times a-T)=\{\text{MRE}^1(T'+T\times a-T),\text{MER}^2(T'+T\times a-T),\cdots,$$
$$\text{MRE}^I(T'+T\times a-T)\}$$
$$\text{MRE}^i(T'+T\times a-T)=\{\text{MRE}^{i,L}(T'+T\times a-T)\}$$

$$\therefore |U'|=I$$

$$\because X_j^{i,L}(T'+T\times a-T)=\delta\otimes f_j^i(X_{1,j}^{i,H}(T'+T\times a-T),X_{2,j}^{i,H}(T'+$$
$$T\times a-T)\cdots X_{m_i(T'+T\times a-T),j}^{i,H}(T'+T\times a-T)),j\in[1,I]\qquad(4\text{-}14)$$

$$\therefore \Gamma(U'(T'+T\times a-T))=\Gamma(\delta\odot U''(T'+T\times a-T))$$
$$\text{其中}\quad U''(T'+T\times a-T)=\{f_j^i(X_{1,j}^{i,H}(T'+T\times a-$$
$$T)\cdots X_{m_i(T'+T\times a-T),j}^{i,H}(T'+T\times a-T))\,|j\in[1,I],i\in[1,I]\}$$

$$\therefore \Gamma(U'(T'+T\times a-T/2))=\Gamma(\delta\odot U''(T'+T\times a-T/2))$$

$$\therefore \Gamma(U'(T'+T\times a))=\Gamma(\delta\odot U''(T'+T\times a))$$

所以可以通过增加 δ 实现对 U'' 的增强,进而实现对 U' 的增强,直到其满足 $\Gamma(U') = \alpha\Gamma(U)$,将此时的 δ 称为单位增益因子(unit Gain Factor,uAF),而如果 $\Gamma(U') > \alpha\Gamma(U)$,则可以通过减小 δ 实现对 U'' 削弱,直到其 $\Gamma(U') = \alpha\Gamma(U)$,证毕。定理 4-2 的证明从理论上表明了模型宏观一致性解的存在。

CADMR 模型的可控性为面向大规模体系仿真的应用提供了理论依据,即通过控制聚合比重 λ 以及聚合解聚增益 δ 一定能够找到宏观满足一致性且计算复杂度较低的解。在进行体系效能仿真评估时,首先通过特定的基于效能度量的仿真实验寻找一组有效的 $[\lambda, \delta]$ 参数,前提是保证聚合解聚变化引入的误差在可接受范围之内,以确保宏观模型一致,将这类参数组合称为一致解,即经过聚合解聚变化与未经过聚合解聚变化的体系保持一致性。然而,由于模型具有高度可控特性,因此这样的一致解可能有多个,但为了尽可能降低计算复杂度,提高仿真效率,选择计算复杂度降低最大的一致解为最优一致解。

4.3.4　区间逼近算法

本节对 CADMR 的求解方法进行研究,首先,在定理 4-2 的基础上,可以得出下面关于 CADMR 模型的另一个推论。

推论 4-1(体系增益推论):如果 $U_1 + U_2 = U \wedge a > 1$,那么 $\Gamma(a \odot U_1 + U_2) > \Gamma(U_1 + U_2) = \Gamma(U)$;如果 $U_1 + U_2 = U \wedge a < 1$,那么 $\Gamma(a \odot U_1 + U_2) < \Gamma(U_1 + U_2) = \Gamma(U)$;如果 $U_1 + U_2 = U \wedge a = 1$,那么 $\Gamma(a \odot U_1 + U_2) = \Gamma(U_1 + U_2) = \Gamma(U)$。其中 Γ 和 $\odot$ 的意义同前。

证明:可以根据定理 4-2 的证明过程进行证明:当 $\lambda < 1$ 时,对于体系 U 的聚合解聚变化部分 U_1 相当于 $(\tau \times \delta) \odot U_1$,其中 $\tau \in R$。令 $a = \tau \times \delta$,如果

$$\Gamma(a \odot U_1) > \Gamma(U_1) \tag{4-15}$$

则

$$\Gamma(a \odot U_1 + U_2) > \Gamma(U_1 + U_2) = \Gamma(U) \tag{4-16}$$

如果

$$\Gamma(a \odot U_1) < \Gamma(U_1) \tag{4-17}$$

则

$$\Gamma(a \odot U_1 + U_2) < \Gamma(U_1 + U_2) = \Gamma(U) \tag{4-18}$$

如果

$$\Gamma(a \odot U_1) = \Gamma(U_1) \tag{4-19}$$

则

$$\Gamma(a\odot U_1 + U_2) = \Gamma(U_1 + U_2) = \Gamma(U) \tag{4-20}$$

命题得证。

推论 4-1 的证明对于简化 CADMR 模型的求解至关重要,因为 CADMR 模型的控制参数有两个,分别为控制计算复杂度最小的聚合比重 λ 以及控制误差为零的聚合增益 δ,而这两个参数都需要进行求解,是一个组合优化问题。但通过推论 4-1 可知 CADMR 模型的单位增益因子只有一个,为此必须先对 δ^* 进行求解,而结合定理 4-1 可知 λ 越大,对计算复杂度的降低越明显,因此无须特意求解 λ,求解难度得到大幅减小,模型的可行性和实用性得到进一步增强。如果找到了这个 δ^*,相当于找到了无限多个一致解 $[\lambda, \delta^*]$,为了最大限度降低计算复杂度,最优一致解理论上应该是 $[\lambda=1, \delta^*]$,然而 λ 越大,CADMR 对体系的微观特性影响可能越明显,因此综合考虑 λ 也并非越大越好,还需要根据研究需求适当设定。为了快速准确地求解 uAF,可以采用区间逼近搜索算法,通过步长变换与方向变换不断逼近目标解所在区间,简称为 uAF 搜索算法,其算法的实现步骤如表 4-1 所列。

表 4-1　uAF 搜索算法步骤

步骤 1　设置初始搜索区间 $\langle\delta\rangle=[a,b]$,初始搜索步长 $\Delta\delta$,误差精度 ee_0;

步骤 2　初始化全局最优增益因子,全局最优增益因子对应的全局最小误差,聚合比率为 $\lambda=1$,令 $n=-1$;

步骤 3　$n=n+1$,设置第 n 次的增益因子为 $\delta_n=a\Delta\delta\times n$;

步骤 4　判断当前增益因子是否大于区间上界,如果 $\delta_n>b$,转步骤 9,否则继续;

步骤 5　开始进行仿真,计算误差 $ee=|vb-vr|$,红方相对胜率 $vb_2'=vb-vr$,如果 $n=0$,令 $vb_1'=vb_2'$;

步骤 6　判断当前误差是否小于全局最优误差,即如果 $ee<ee^*$,更新当前全局最优增益因子 $\delta^*=\delta_n$,全局最优增益因子对应的误差 $ee^*=ee$;

步骤 7　判断当前全局最优增益因子对应的误差是否小于误差精度,如果 $ee^*\leqslant ee_0$,转步骤 9,否则继续;

步骤 8　判断第 n 次仿真红方的相对胜率与第 $n-1$ 次仿真的相对胜率是否异号,即如果 $vb_1'\times vb_2'<0$,在当前增益因子的基础上改变搜索方向,减小搜索区间 $\langle\delta\rangle=[\delta_{n-1},\delta_n]$,并减小搜索步长为 $\Delta\delta=\delta/10$,令 $n=-1$,转步骤 2,否则直接转步骤 2;

步骤 9　输出当前最优增益因子 δ^* 以及对应的误差 ee^*,算法结束

进一步细化搜索算法的流程如图 4-5 所示。

基于 CADMR 模型的评估应用框架如图 4-6 所示,其分为基于区间逼近算法的 uAF 求解以及面向不同评估任务的模型应用两个主要环节。如果评估任务对宏观一致性要求不高,可以直接设置 uAF 为 1,即省略 uAF 求解环节,但是如果模型对宏观一致性要求较高,则需要进行 uAF 求解。由于不同的体系相互组合形成不同的评估实验,对应不同的评估任务,因此可以通过 CADMR 模型减小总体的仿真时间,提高仿真效率。而由于体系参演评估任务的次数增长,CADMR 模型的收益也会随之累积。

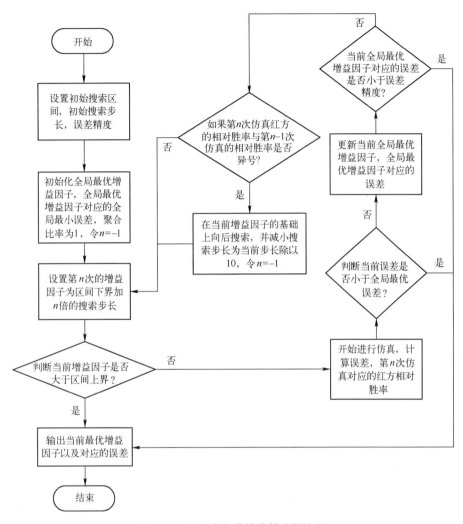

图 4-5　进一步细化搜索算法的流程

4.3.5　建模影响分析

体系作为一个复杂巨系统,具有非线性、涌现性、非还原性、开放性、演化性、巨量性等复杂特性,这些特性可以根据其具体表现分为宏观特性和微观特性。CADMR 模型对体系的复杂特性影响具体如表 4-2 所列,其中"大"表示影响十分显著,"中"表示影响比较显著但是通过多分辨率调度的自校准可以在一定程度上弥补,"小"表示影响很小可以忽略或者可以完全弥补。

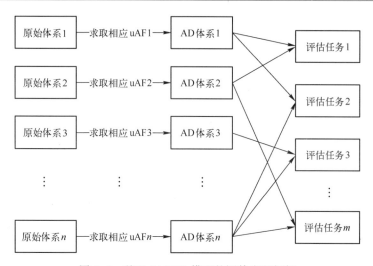

图 4-6　基于 CADMR 模型的评估应用框架

表 4-2　CADMR 模型对体系复杂特性的影响

复杂特性	概　　念	表现层次	受影响程度
非线性	体系的宏观特性与微观个体之间的关系是非线性的	宏观与微观	中
涌现性	子系统之间通过交互从整体上演化、进化出一些独特的、新的性质	宏观	小
层次性	系统部件与功能上具有层次关系	宏观	小
开放性	系统对象及其子系统与环境之间有物质、能量、信息的交换	宏观与微观	中
演化性	体系随外部环境的改变而自适应地改变,以更好地适应外部环境	宏观与微观	中
巨量性	组成体系的子系统或实体数目极其巨大	微观	大

　　由于 CADMR 建模仿真技术追求宏观的一致性,因此对于宏观特性是没有太大影响的,而对于微观特性则不可避免地存在一定的影响,并且与聚合比重有关,聚合比重越大,影响越明显。传统的 AD 法由于 $\lambda=1$,因此对体系微观特性的影响会更加显著,这也是引入聚合比重的主要宗旨,其目的就是控制其影响。但多分辨率模型具有自校准功能,因此对于微观特性的影响也可以通过周期的解聚实现一定程度的弥补。总之,CADMR 模型不适用于针对体系的微观特性进行研究的领域,而适用于只对体系的宏观行为进行考量,因为 CADMR 追求的是体系的宏观一致性。

4.4　装备体系的多粒度建模及应用

4.4.1　聚合解聚框架

当实体数目较小时,多粒度建模技术无法发挥其优势,但当实体数目规模巨大时(如上千个),多粒度建模的性能提升优势将是十分可观的,而装备体系作为一种复杂巨系统,其仿真实体的规模通常是数以千计的,多粒度建模的应用将会带来较大的性能提升空间,为此,将多粒度建模技术应用于装备体系作战仿真领域一直是军事领域相关学者的不懈追求。文献[24,25]曾对防空系统中 Agent 的位置、火力指数以及数目的参数化聚合解聚变化进行了研究,证明了参数化聚合解聚公式的可行性,但缺乏进一步的深入研究。在借鉴这些学者提出的部分聚合解聚公式的基础上,我们对装备体系的聚合解聚函数进行全面的建模,并建立了装备体系的 CADMR 模型体系结构顶层框架,如图 4-7 所示。其中

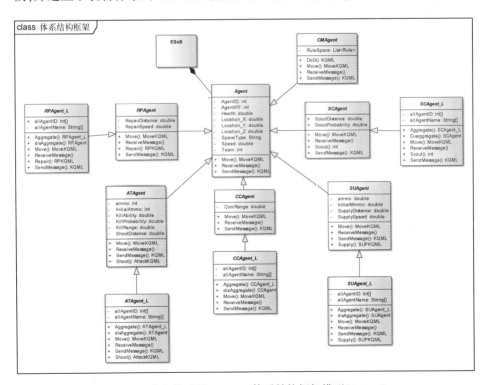

图 4-7　装备体系的 CADMR 体系结构框架模型(MV-5)

白色三角箭头为继承关系,黑色菱形箭头为组成关系。可以看出,装备体系的体系结构框架共由六种不同类别的 Agent 组成,分别为 SUAgent、SCAgent、CCAgent、ATAgent、CMAgent、RPAgent。SUAgent、CCAgent、SCAgent、ATAgent、RPAgent 为高分辨率 Agent,SUAgent_L、CCAgent_L、SCAgent_L、ATAgent_L、RPAgent_L 为分别继承自 SUAgent、CCAgent、SCAgent、ATAgent 以及 RPAgent 的低分辨率 Agent。由于低分辨率 Agent 继承自高分辨率 Agent,保证了跨分辨率交互的可行。此外,为了减小编程工作量,设计了基础 Agent 类,所有抽象类型 Agent 继承自基础 Agent 类,所有的抽象类型 Agent 均可以被继承以实现进一步扩展的目的。

由于 CMAgent 数量较少并且职责特别,只包含高分辨率 CMAgent,不涉及聚合解聚变化。需要说明的是,虽然 CADMR 模型具有高度的可控特性,且与个体的聚合解聚函数关系不大,但是在设计 Agent 的聚合解聚函数时,还是要尽可能符合实际。在设计装备体系的聚合解聚函数时,并非是随意设置的,而是符合一定的军事法则,例如多个 ATAgent 在进行聚合时,其火力指数满足加和规则,如多个营级单位聚合为一个团。另外,考虑到模型求解的简单性和可行性,结合前面的理论分析过程,将部分 Agent 属性的增益因子根据经验预先设为 1,而将其他属性的增益因子都设为 δ,使得模型由多个增益因子的求解最终变成单个增益因子的求解,以进一步降低模型求解难度。

1. 通信 Agent 的聚合解聚

CCAgent 主要提供数据通信与共享功能,对应于现实世界中的通信兵、通信车、通信卫星、通信雷达等及用于建立各种无线电通信、有线电通信,以及各级自动化指挥系统等的各种型号的短波超短波电台、微波接力机、程控电话、收信机等类型装备,是装备体系的通信媒介节点。

在装备体系信息战环境下,多个 CCAgent 组成一个通信网络,是其他 Agent 进行通信的基础,而其他 Agent 要实现通信必须位于通信网覆盖范围之内。简化模型主要参数包括 x 轴坐标 Lx、y 轴坐标 Ly、z 轴坐标 Lz、健康值 h_a、移动速度 V、隐身概率 h_p,这六个属性为所有 Agent 的共有属性。本节主要对其多分辨率聚合解聚函数进行说明。

CCAgent 包括高分辨率 CCAgent 以及低分辨率 CCAgent,设其聚合函数为 f^C,x 轴坐标的聚合函数为

$$f_{Lx}^C(Lx(1),Lx(2),\cdots,Lx(m_C)) = \sum_{i=1}^{m_C}(Lx(i)/m_C) \qquad (4\text{-}21)$$

对应的 $\delta_{Lx}^C = 1$,其中 m_C 为聚合 Agent 的数目,y 轴坐标的聚合函数为

$$f_{Ly}^C(Ly(1),Ly(2),\cdots,Ly(m_C)) = \sum_{i=1}^{m_C}(Ly(i)/m_C) \qquad (4\text{-}22)$$

对应的 $\delta_{Ly}^C = 1$。z 轴坐标的聚合函数为

$$f_{Lz}^C(Lz(1),Lz(2),\cdots,Lz(m_C)) = \sum_{i=1}^{m_C}(Lz(i)/m_C) \tag{4-23}$$

对应的 $\delta_{Lz}^C = 1$。健康值 h_a 的聚合函数为

$$f_{h_a}^C(h_a(1),h_a(2),\cdots,h_a(m_C)) = \sum_{i=1}^{m_C}(h_a(i)) \tag{4-24}$$

对应的 $\delta_{h_a}^C = \delta$,其中 δ 为共同的增益因子,待求。移动速度 V 的聚合函数为

$$f_V^C(V(1),\cdots,V(m_C)) = \sum_{i=1}^{m_C}(V(i)/m_C) \tag{4-25}$$

对应的 $\delta_V^C = 1$。隐身概率 h_p 的聚合函数为

$$f_{h_p}^C(h_p(1),h_p(2),\cdots,h_p(m_C)) = \sum_{i=1}^{m_C}(h_p(i)/m_C) \tag{4-26}$$

对应的 $\delta_{h_p}^C = \delta$。C 的聚合函数为

$$f_C^C(C(1),C(2),\cdots,C(m_C)) = \sum_{i=1}^{m_C}C(i) \tag{4-27}$$

对应的 $\delta_C^C = 1$。

设 CCAgent 的解聚函数为 $\bar{f}^C$,其位置按照方形阵型等距拓展法[24]计算,其中第 k 个 CCAgent 的 x 轴坐标的解聚函数为

$$\begin{cases} \bar{f}_{Lx}^C(Lx,m_C,1) = Lx \\ \bar{f}_{Lx}^C(Lx,m_C,2) = \bar{f}_{Lx}^C(Lx,m_C,1) + \mathrm{d}x \\ \quad\vdots \\ \bar{f}_{Lx}^C(Lx,m_C,k) = \bar{f}_{Lx}^C(Lx,m_C,k-1) + \mathrm{d}x \end{cases} \tag{4-28}$$

式中:$\mathrm{d}x$ 为 x 轴向固定拓展间隔;第 k 个 CCAgent 的 y 轴坐标的解聚函数为

$$\begin{cases} \bar{f}_{Ly}^C(Ly,m_C,1) = Ly \\ \bar{f}_{Ly}^C(Ly,m_C,2) = \bar{f}_{Ly}^C(Ly,m_C,1) + \mathrm{d}y \\ \quad\vdots \\ \bar{f}_{Ly}^C(Ly,m_C,k) = \bar{f}_{Ly}^C(Ly,m_C,k-1) + \mathrm{d}y \end{cases} \tag{4-29}$$

式中:$\mathrm{d}y$ 为 y 轴向固定拓展间隔;第 k 个 CCAgent 的 z 轴坐标的解聚函数为

$$\begin{cases} \bar{f}_{Lz}^C(Lz,m_C,1) = Lz \\ \bar{f}_{Lz}^C(Lz,m_C,2) = \bar{f}_{Lz}^C(Lz,m_C,1) + \mathrm{d}z \\ \quad\vdots \\ \bar{f}_{Lz}^C(Lz,m_C,k) = \bar{f}_{Lz}^C(Lz,m_C,k-1) + \mathrm{d}z \end{cases} \tag{4-30}$$

式中:$\mathrm{d}z$ 为 z 轴向固定拓展距离;第 k 个 CCAgent 的健康值 h_a 的解聚函数为

$$\bar{f}_{h_a}^C(h_a,m_C,k) = h_a/\overline{m_C} \tag{4-31}$$

$\overline{m_C} = h_a/h_{a\max}$ 为解聚后 CCAgent 的数目,$h_{a\max}$ 为最大健康值,这里规定为

100,第 k 个 CCAgent 的移动速度 V 的解聚函数为

$$\bar{f}_V^C(V,m_C,k) = V \tag{4-32}$$

第 k 个 CCAgent 的隐身概率 h_p 的解聚函数为

$$\bar{f}_{h_p}^C(h_p,m_C,k) = h_p \tag{4-33}$$

第 k 个 CCAgent 的通信范围解聚函数为

$$\bar{f}_C^C(C,m_C,k) = C(1/m_C) \tag{4-34}$$

2. 侦察 Agent 的聚合解聚

SCAgent 的主要功能是态势感知与情报共享,对应于现实世界中的预警机、侦察机、预警雷达、遥感卫星、侦察卫星、装甲侦察车、导航系统等,是装备体系主要的侦察监视和远程探测节点。

在装备体系信息战环境下,多个 SCAgent 组成一个侦察网络。简化模型除了共有属性,其专属属性主要包括侦察距离 S、侦察概率 P。本节主要对其多分辨率聚合解聚公式进行说明。SCAgent 包括高分辨率 SCAgent 以及低分辨率 SCAgent,设其聚合函数为 f^S,则侦察距离 S 的聚合函数为

$$f_S^S(S(1),S(2),\cdots,S(m_S)) = \sum_{i=1}^{m_S}(S(i)/m_S) \tag{4-35}$$

对应的增益因子 $\delta_S^S = 1$。侦察概率 P 的聚合函数为

$$f_P^S(P(1),P(2),\cdots,P(m_S)) = \sum_{i=1}^{m_S}(P(i)/m_S) \tag{4-36}$$

对应的 $\delta_P^S = 1$。

设 SCAgent 的解聚函数为 $\bar{f}^S$,解聚后 SCAgent 数目 $\bar{m}_S$ 的计算方法同前,则第 k 个 SCAgent 的侦察距离 S 的解聚函数为

$$\bar{f}_S^S(S,m_S,k) = S \tag{4-37}$$

则第 k 个 SCAgent 的侦察概率 P 的解聚函数为

$$\bar{f}_P^S(P,m_S,k) = P \tag{4-38}$$

3. 打击 Agent 的聚合解聚

打击 Agent 的主要功能是在获得情报信息后执行火力打击,对应于现实世界中的地空导弹、空地导弹、空空导弹、高炮、坦克、轰炸机、歼击机、武装直升机、护卫舰、巡洋舰、驱逐舰以及各级军兵种作战编队等,是装备体系的火力输出节点。

装备体系信息战环境下,多个 ATAgent 组成一个打击网络。简化模型主要专属属性包括射击范围 a_r、射击距离 a_1、杀伤能力 a_k、命中概率 a_p、携带弹药 a_m、最大携带弹药 a_{ma}。本节主要对其多分辨率聚合解聚公式进行说明。ATAgent 包括高分辨率 ATAgent 以及低分辨率 ATAgent,设其聚合函数为 f^{AT},其中射击范围 a_r 的聚合函数为

$$f_{a_r}^{AT}(a_r(1), a_r(2), \cdots, a_r(m_{AT})) = \sum_{i=1}^{m_{AT}} (a_r(i) \times (1/m_{AT})) \tag{4-39}$$

对应的 $\delta_{a_r}^{AT} = 1$。射击距离 a_l 的聚合函数为

$$f_{a_l}^{AT}(a_l(1), a_l(2), \cdots, a_l(m_{AT})) = \sum_{i=1}^{m_{AT}} (a_l(i)/m_{AT}) \tag{4-40}$$

对应的 $\delta_{a_l}^{AT} = 1$。杀伤能力 a_k 的聚合函数为

$$f_{a_k}^{AT}(a_k(1), a_k(2), \cdots, a_k(m_{AT})) = \sum_{i=1}^{m_{AT}} (a_k(i)) \tag{4-41}$$

对应的 $\delta_{a_k}^{AT} = \delta$。命中概率 a_p 的聚合函数为

$$f_{a_p}^{AT}(a_p(1), a_p(2), \cdots, a_p(m_{AT})) = \sum_{i=1}^{m_{AT}} (a_p(i)/m_{AT}) \tag{4-42}$$

对应的 $\delta_{a_p}^{AT} = \delta$。携带弹药 a_m 的聚合函数为

$$f_{a_m}^{AT}(a_m(1), a_m(2), \cdots, a_m(m_{AT})) = \sum_{i=1}^{m_{AT}} a_m(i) \tag{4-43}$$

对应的 $\delta_{a_m}^{AT} = \delta$。最大携带弹药 a_{ma} 的聚合函数为

$$f_{a_{ma}}^{AT}(a_{ma}(1), a_{ma}(2), \cdots, a_{ma}(m_{AT})) = \sum_{i=1}^{m_{AT}} a_{ma}(i) \tag{4-44}$$

对应的 $\delta_{a_{ma}}^{AT} = 1$。

设 ATAgent 的解聚函数为 $\bar{f}^{AT}$，解聚后 ATAgent 的数目 $\overline{m}_{AT}$ 计算方法同前，则第 k 个 ATAgent 射击范围 a_r 的解聚函数为

$$\bar{f}_{a_r}^{AT}(a_r, m_{AT}, k) = a_r \tag{4-45}$$

第 k 个 ATAgent 射击距离 a_l 的解聚函数为

$$\bar{f}_{a_l}^{AT}(a_l, m_{AT}, k) = a_l \tag{4-46}$$

第 k 个 ATAgent 杀伤能力 a_k 的解聚函数为

$$\bar{f}_{a_k}^{AT}(a_k, m_{AT}, k) = a_k/\overline{m}_{AT} \tag{4-47}$$

第 k 个 ATAgent 命中概率 a_p 的解聚函数为

$$\bar{f}_{a_p}^{AT}(a_p, m_{AT}, k) = a_p \tag{4-48}$$

第 k 个 ATAgent 携带弹药 a_m 的解聚函数为

$$\bar{f}_{a_m}^{AT}(a_m, m_{AT}, k) = a_m/\overline{m}_{AT} \tag{4-49}$$

第 k 个 ATAgent 最大携带弹药 a_{ma} 的解聚函数为

$$\bar{f}_{a_{ma}}^{AT}(a_{ma}, m_{AT}, k) = a_{ma}/\overline{m}_{AT} \tag{4-50}$$

4. 补给 Agent 的聚合解聚

SUAgent 对应于现实世界中的补给舰、补给车、补给飞机等,主要功能为战场

提供军需保障,例如弹药、油料、食品等类型补给物资,是装备体系的后勤保障补给节点,这里设计一类具有弹药补给功能的 SUAgent 作为保障类节点的典型装备。

装备体系信息战环境下,多个 SUAgent 组成一个补给网络。简化后的 SUAgent 的专属属性包括补给速率 s_r、补给距离 s_1、总装载量 s_v。这里主要对其多分辨率聚合解聚公式进行说明。SUAgent 包括高分辨率 SUAgent 以及低分辨率 SUAgent,设其聚合函数为 f^{SU},则补给速率 s_r 的聚合函数为

$$f_{s_r}^{SU}(s_r(1),s_r(2),\cdots,s_r(m_{SU})) = \sum_{i=1}^{m_{su}} s_r(i) \tag{4-51}$$

对应的 $\delta_{s_r}^{SU} = \delta$。补给距离 s_1 的聚合函数为

$$f_{s_1}^{SU}(s_1(1),s_1(2),\cdots,s_1(m_{SU})) = \sum_{i=1}^{m_{su}} (s_1(i)/m_{SU}) \tag{4-52}$$

对应的 $\delta_{s_1}^{SU} = 1$。总装载量 s_v 的聚合函数为

$$f_{s_v}^{SU}(s_v(1),s_v(2),\cdots,s_v(m_{SU})) = \sum_{i=1}^{m_{SU}} s_v(i) \tag{4-53}$$

对应的 $\delta_{s_v}^{SU} = \delta$。

设 SUAgent 的解聚函数为 $\bar{f}^{SU}$,解聚后 SUAgent 的数目 $\overline{m}_{su}$ 计算方法同前,则第 k 个 SUAgent 补给速率 s_r 的解聚函数为

$$\bar{f}_{s_r}^{SU}(s_r,m_{SU},k) = s_r/\overline{m}_{SU} \tag{4-54}$$

第 k 个 SUAgent 补给距离 s_1 的解聚函数为

$$\bar{f}_{s_1}^{SU}(s_1,m_{SU},k) = s_1 \tag{4-55}$$

第 k 个 SUAgent 总装载量 s_v 的解聚函数为

$$\bar{f}_{s_v}^{SU}(s_v,m_{SU},k) = s_v/\overline{m}_{SU} \tag{4-56}$$

5. 维修 Agent 的聚合解聚

RPAgent 对应于现实世界中的后勤基地等,是装备体系的后勤保障维修节点,可以设计一类具有维修功能 Agent 作为装备体系典型的维修装备参与作战。

装备体系信息战环境下,多个 RPAgent 组成一个维修网络。简化后的 RPAgent 的专属属性包括维修速率 r_r、维修范围 r_1。RPAgent 的维修行为为被动行为,即在其他 Agent 需要进行维修时自动为其提供维修服务,因此其行为的运行机制比较简单,本节主要对其多分辨率聚合解聚公式进行说明。RPAgent 包括高分辨率 RPAgent 以及低分辨率 RPAgent,设其聚合函数为 f^{RP},聚合 RPAgent 的数目为 m_{rp},则维修速率 r_r 的聚合函数为

$$f_{r_r}^{RP}(r_r(1),r_r(2),\cdots,r_r(m_{rp})) = \sum_{i=1}^{m_{rp}} r_r(i) \tag{4-57}$$

对应的 $\delta_{r_r}^{RP} = \delta$。维修范围 r_1 的聚合函数为

$$f_{r_1}^{RP}(r_1(1),r_1(2),\cdots,r_1(m_{rp})) = \sum_{i=1}^{m_{rp}} (r_1(i)/m_{rp}) \tag{4-58}$$

对应的 $\delta_{r_1}^{RP}=1$。

设 RPAgent 的解聚函数为 $\bar{f}^{RP}$，解聚后 RPAgent 的数目 $\bar{m}_{RP}$ 计算方法同前,则第 k 个 RPAgent 维修速率 r_r 的解聚函数为

$$\bar{f}_{r_r}^{RP}(r_r,m_{RP},k)=r_r \big/ \bar{m}_{RP} \tag{4-59}$$

第 k 个 RPAgent 维修范围 r_1 的解聚函数为

$$\bar{f}_{r_1}^{RP}(r_1,m_{RP},k)=r_1 \tag{4-60}$$

4.4.2　仿真实验与分析

1. 仿真说明

下面通过一个红蓝装备体系对抗仿真进行示例展示,并基于仿真进行最优一致解的求解。

仿真基本思路是,红蓝双方的体系结构和兵力参数设置均相同,区别在于是否执行 CADMR 建模。在进行计算复杂度分析时,双方都进行聚合解聚变化,且固定聚合解聚周期为 20,聚合解聚分界因子 $\beta=1/2$,最大仿真步长为 100 步,每轮仿真进行 10 次,设执行聚合解聚变化每步所用的时间为 t_p^{AD},未执行聚合解聚变化每步所用时间为 t_p,则计算复杂度 $co=t_p^{AD}/t_p$。当进行误差分析时,只让红方进行聚合解聚变化,固定最大仿真步长为 1000 步,以胜率代替作战效能,以双方胜率之差作为作战效能的误差,设红方胜率为 vr,蓝方胜率为 vb,则换算的误差为 $ee=|vr-vb|$,为了提高结果的可信度,每轮仿真都进行 30 次,但对于误差明显的情形,可以提前结束此种组合仿真。

为了限制求解范围,首先进行了探索性仿真,发现当 $\delta>1$ 时,唯一的一致解是 $\lambda=0.1$,但对于计算复杂度降低太有限,因此可将 δ 限制在 $(0,1]$ 范围之内,同时选择将 λ 限制在 $(0,1)$ 之内。

2. 计算复杂度可控性实验分析

首先对计算复杂度 co 可控性进行实验,基本思路是固定其中一个变量,求解 co 随另一个变量的变化情况。理想情况下, co 的变化区间接近于 $[0,1]$。

图 4-8 所示为不同装备体系规模 M 下计算复杂度 co 随 λ 的变化,其中 λ 的变化区间为 $[0.1,0.9]$,步长为 0.1。从图中可以看出 co 与 λ 基本成反比规律,与 4.3.3 节的理论分析基本一致,即通过增加 λ 可以降低系统计算复杂度,提高仿真效率,并且 M 越大,仿真效率提升越明显。然而当 λ 增加到一定程度时,出现了 co 随 λ 的增加反而增加的现象,这是由于聚合解聚变化涉及一定规模 Agent 进程启动和终止,本身也要消耗一定的计算资源,当这部分资源所占比例超过了由于 Agent 数目减小所降低的计算复杂度时,就会出现总计算复杂度

反而增加的现象,这种现象对于 M 越大的仿真情形越明显,如图 4-8(c) 所示,说明在进行模型求解时,$\lambda = 1$ 并非最优,而是在 0.8 附近。同时可以看出,δ 越小计算复杂度越小,对于 $M = 900$ 的情形,当 $\delta = 0.1$ 时,co 降到了 0.15,与 4.3.3 节的理论分析结论相同。

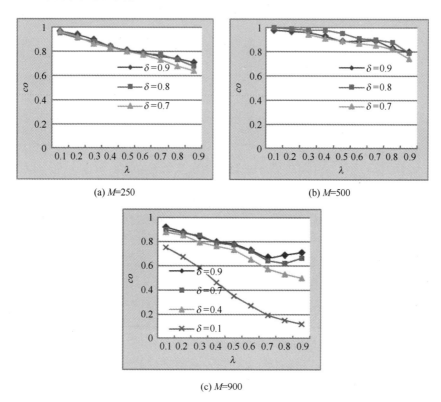

(a) M=250 　　　　　　　　　　　(b) M=500

(c) M=900

图 4-8　不同规模下计算复杂度随聚合比重的变化

　　图 4-9 所示为不同装备体系规模下 co 随 δ 的变化情况,其中 δ 的变化区间为 $[0.1, 0.9]$,步长为 0.1,可以看出,co 与 δ 基本成正比,δ 越大,co 越大。另外,从与图 4-8 的比较可以看出,相比 λ,δ 对 co 的影响程度更大。

　　综上分析可知,基于 CADMR 模型的装备体系仿真具有高度的复杂度可控能力,通过合理调整聚合比重 λ 与聚合增益 δ,基本可以实现任意大小的所需计算复杂度。

3. 误差可控性实验分析

　　下面对误差 ee 可控性进行实验验证,基本思路是固定其中一个变量,求解 ee 随另一个变量的变化情况,理想情况下,存在 λ 以及 δ 使得 $ee \rightarrow 0$。

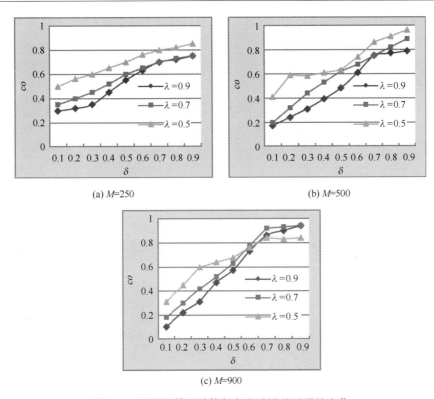

(a) M=250　　　　　　　　(b) M=500

(c) M=900

图 4-9　不同规模下计算复杂度随增益因子的变化

图 4-10(a)~(c)所示为 M=250 时红蓝双方胜率随 δ 的变化情况,其中 δ 的变化区间为 $[0.7,0.9]$,之所以将其限定在这个区间是因为红蓝双方胜率在这个区间才出现了交叉。从图中可以明显看出,作为执行聚合解聚变化的红方装备体系,δ 越大,其作战效能越强,相应的蓝方胜率 vb 越小。此外,当 $\delta=0.98$ 时,$\lambda=[0.7,0.9]$ 时,双方的胜率均为 0,相当于 $ee=0$,即 $\{\delta=0.98,\lambda\in[0.7,0.9]\}$ 是 CADMR 模型的一致解。而当 $0.98\leqslant\delta$ 时,红方的作战效能大幅增强,完全占有了优势,而蓝方胜率反而下降为 0。实际上,这个交叉点就是前面提到的单位增益因子,是唯一的一个单位增益因子,也是正式模型的关键求解目标。

图 4-10(d)~(f)所示为当 M=500 时,红蓝双方胜率随 δ 的变化情况,可以看出其演变规律与 M=250 时基本类似,即增益因子 δ 越大,红方作战效能越强,相应的蓝方胜率 vb 越小。当 $\delta<0.98$ 时,蓝方占据绝对优势,说明聚合解聚变化削弱了装备体系,而当 $0.98<\delta$ 时,红方占据绝对优势,说明聚合解聚变化增强了装备体系。此外,CADMR 模型的一致解与 M=250 时相同,即 $\{\delta=0.98,\lambda\in$

[0.7,0.9]}，此条结论可以为模型的求解进一步缩小搜索空间，加快求解速度。图 4-10(g)～(i) 所示为当 $M = 900$ 时，红蓝双方胜率随 δ 的变化情况，可以看出，与图 4-10(a)～(f) 的变化情况基本相似，而图 4-10(g) 中出现了与理论分析不符的第二个交叉点 $[\lambda = 0.7, \delta = 0.96]$，其对应的胜率分别为 $[vr = 0.3, vb = 0.3]$，原因可能是统计数据存在一定的系统误差，后期可以进一步提高每轮参数组合的仿真次数，以提高可靠度。

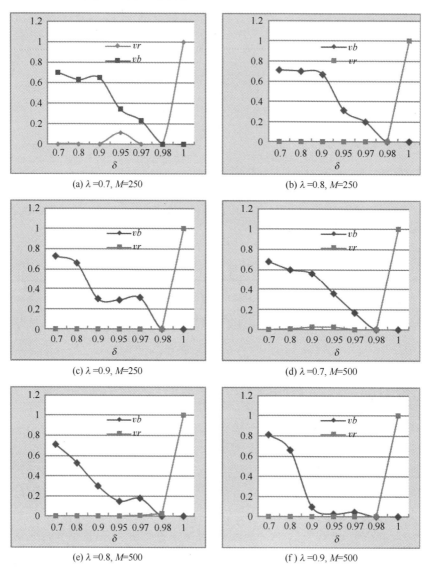

(a) $\lambda = 0.7$, $M = 250$

(b) $\lambda = 0.8$, $M = 250$

(c) $\lambda = 0.9$, $M = 250$

(d) $\lambda = 0.7$, $M = 500$

(e) $\lambda = 0.8$, $M = 500$

(f) $\lambda = 0.9$, $M = 500$

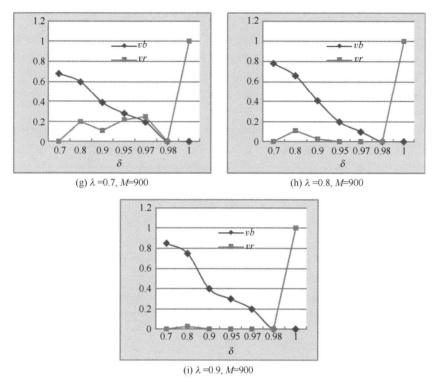

(g) $\lambda = 0.7$, $M = 900$

(h) $\lambda = 0.8$, $M = 900$

(i) $\lambda = 0.9$, $M = 900$

图 4-10 不同规模体系的红蓝双方胜率随增益因子的变化情况

图 4-11（a）~（c）所示为 $M = 250$，$\delta = 0.8$、$\delta = 0.9$ 以及 $\delta = 1$ 时，双方胜率随 λ 的变化情况。之所以选择 $\delta = 0.8$、$\delta = 0.9$ 以及 $\delta = 1$，是因为从之前的图 4-10 仿真结果可以看出，双方胜率的交叉点一定位于 $\delta = [0.8, 1]$ 之间，而通过图 4-11 可以进一步确定，交叉点位于 $\delta = [0.9, 1]$ 之间，因为双方的胜率正是在这个区间出现了反转。

由于模型的求解正是为了找到聚合解聚变化的一致解，因此这有助于对解的规律性进行研究。此外，从图中可以明显得出的规律是，随着 λ 的增大，双方的胜率之差逐渐加大，说明 λ 的增长能够进一步增强增益因子 δ 的影响。可以推断出，当 δ 对于被聚合解聚的装备体系是一种增益时，被聚合解聚的装备体系要强于原装备体系，且随着 λ 的增长，这种强弱变化进一步明显。而当 δ 对于被聚合解聚的装备体系是一种负增益时，被聚合解聚的装备体系要弱于原装备体系，且随着 λ 的增加，这种强弱变化也会得到进一步强化。从以上推断可以看出，λ 相当于一种"放大镜"的作用，即放大 δ 对于被聚合解聚的装备体系的影响，由此可以给我们的启示是，要判断 δ 是一种正增益还是负增益，只需让 λ 最大,使得 δ 的影响更加明显,更加容易分辨。此外,通过对于 δ=0.8、δ=0.9 以及 δ=1 时的演变规律,还可以进一步验证图 4-10 的分析结果,即相同 λ 的情况下,δ 越大,被聚合解聚的装备体系越强,红方胜率越高一些。而图 4-11(b)中点 λ=0.7 时的 vb 反而小于点 λ=0.6 时,可能是由系统误差以及最大仿真步长 1000 步的影响所致。

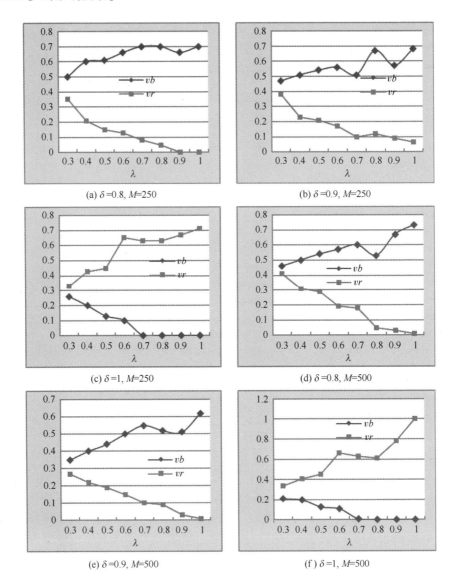

(a) δ=0.8, M=250　　　　　　(b) δ=0.9, M=250

(c) δ=1, M=250　　　　　　(d) δ=0.8, M=500

(e) δ=0.9, M=500　　　　　　(f) δ=1, M=500

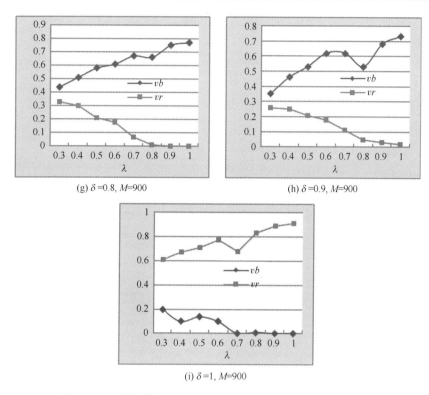

(g) $\delta=0.8$, $M=900$　　　　(h) $\delta=0.9$, $M=900$

(i) $\delta=1$, $M=900$

图 4-11　不同规模体系的红蓝双方胜率随聚合比重的变化情况

图 4-12 (d) ~ (f) 以及图 4-12 (g) ~ (i) 分别为当 $M=500$ 以及 $M=900$ 时的双方胜率随 λ 的变化, 从其变化规律可以印证前面的推断。因为单位增益因子只有一个, 因此除了单位增益因子, 不可能再有第二个, 对应于图中, 红蓝双方的胜率必定逐渐拉大, 除非找到了单位增益因子, 使得双方的胜率逐渐缩小。下面通过对模型的仿真求解与实际应用进一步印证这个论证。

4. 模型的宏观一致解作战仿真求解

根据前面的分析结论, 对于任意一个 CADMR 模型体系, 都必定存在且只存在一个 uAF, 使得对于 $\forall \lambda \in [0,1]$, $\Gamma(U') = \Gamma((\varsigma \times \delta) \odot U) = \Gamma(U)$, 偏离 uAF 的 δ 都会使得聚合解聚变化后的体系一致性相发生改变, 与模型的宏观一致性相违背, 为此, 必须先求解 uAF, 再进行 λ 的求解, 其中 $\varsigma \times \delta = 1$, U' 为执行聚合解聚变化后的体系, 其中 ς 是模型的固有增益, 是不可控的, 某种意义上, δ 的作用就是为了抵消 ς 的影响。

分别对 $M=600, 700, 800, 900$ 的装备体系进行区间逼近 uAF 求解, 初始化搜索空间 $\langle\delta\rangle=[0,1]$, 步长 $\Delta\delta=0.1$, 误差精度 $ee_0=0.1$, 初始最小误差 $ee^*=1$。

搜索结果表明四个体系的 uAF 均相等,为 $uAF_{600} = uAF_{700} = uAF_{800} = uAF_{900} = \delta^* =$ 0. 9,对应的 ee^* 均小于 0. 05。为了验证求解结果的有效性,又分别令 $\lambda = 0. 8$, $0. 9, 1, \delta = uAF$,再次进行 uAF 应用验证,得到的结果如表 4-3 所列。可以看出, 结果比较理想,不同规模的装备体系作战效能误差均小于 0. 1,即 AD 变化基本 保持了宏观一致性,并且复杂度最大降到接近 0. 54,大大提高了仿真效率,相同 λ 对应的体系规模越大,降低越明显。考虑到不同 λ 对 co 的影响,$\lambda = 0. 9$ 时最 优,即构造的四个体系的宏观一致解均为 $[\lambda = 0. 9, \delta = 0. 9]$。

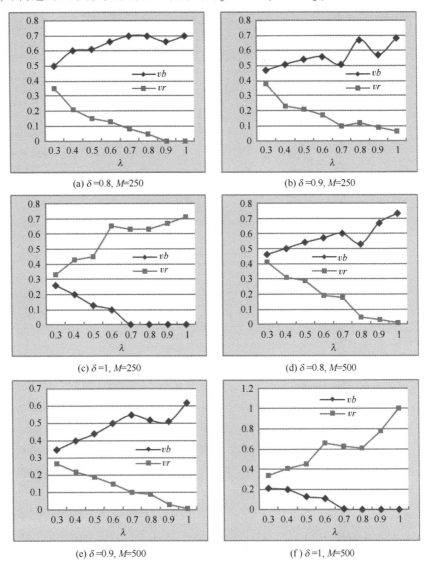

(a) $\delta = 0. 8$, $M = 250$　　　　　　　(b) $\delta = 0. 9$, $M = 250$

(c) $\delta = 1$, $M = 250$　　　　　　　(d) $\delta = 0. 8$, $M = 500$

(e) $\delta = 0. 9$, $M = 500$　　　　　　　(f) $\delta = 1$, $M = 500$

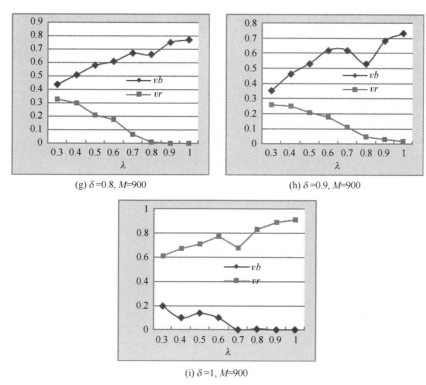

(g) δ=0.8, M=900　　　　　　　　(h) δ=0.9, M=900

(i) δ=1, M=900

图 4-12　不同规模体系的红蓝双方胜率随聚合比重的变化情况

表 4-3　增益因子为单位增益因子时不同装备体系的仿真结果

M	λ	vr	vb	ee	co
600	0.8	0.03	0	0.03	0.72
	0.9	0	0	0	0.66
	1.0	0	0	0	0.9
700	0.8	0.03	0	0.03	0.66
	0.9	0	0	0	0.65
	1.0	0	0	0	0.7
800	0.8	0.03	0.04	0.01	0.62
	0.9	0	0	0	0.54
	1.0	0	0	0	0.78
900	0.8	0.03	0	0.03	0.57
	0.9	0.01	0	0.01	0.56
	1.0	0	0	0	0.74

　　为了进一步验证结果的有效性,当 δ＝uAF 时,对双方胜率随 λ 的变化情况进行仿真,结果如图 4-13 所示。从图中可以看出,不同规模的装备体系,进行 AD 变化与不进行 AD 变化的胜率之差均不高于 0.2,且随着 λ 的增大,误差逐渐减小并最终趋于 0,进一步印证了 λ 作为增益因子"放大镜"的论断,与前面针对图 4-12 的实验分析结论完全一致,表明了基于 uAF 搜索算法求解 uAF 的有效性。

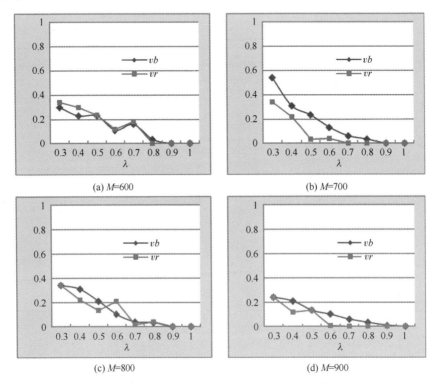

(a) M=600　　　　　　　(b) M=700

(c) M=800　　　　　　　(d) M=900

图 4-13　增益因子为单位增益因子时不同规
模装备体系双方胜率随聚合比重的变化情况

参 考 文 献

[1]　Wei S G,Cai B G,Li S H,et al. Multi-resolution simulation strategy and its simulation implementation of Train Control System [C]//IEEE International Conference on Service Operation, Logistics , and

Informatics. IEEE,2011:579-584.

［2］　胡晓峰,司光亚,等.战争模拟原理与系统[M].北京:国防大学出版社,2009.

［3］　金欣."深绿"及 AlphaGo 对指挥与控制智能化的启示[J].指挥与控制学报,2016,2(3):202-207.

［4］　Manfred R,Paul V G,Hans J. A fidelity management process overlay onto the FEDEP model[DB/OL]. http://www. sisostds. org/doclib/doclib. cfm? SISO_FID_1699.

［5］　Yang X Y. Gong G H,Tian Y. Optimal game theory in complicated virtual-modeling and CGF decision-making with multi-granularities[C]//International Conference on Smart Manufacturing Application April. 9-11, KINTEX, Gyeonggi-do, Korea, 2008:95-99.

［6］　华玉光,徐浩军.多分辨率建模航空武器装备体系对抗效能评估[J].火力指挥控制,2009,34(1): 8-14.

［7］　孙世霞,刘宝宏,黄柯棣.一种模型分辨率的定量度量方法[J].系统仿真学报,2005,17(8):1982-1985.

［8］　郭齐胜,杨立功,杨瑞平,等.计算机生成兵力[M].北京:国防工业出版社,2006.

［9］　杜燕波,杨建军,吕伟,等多粒度建模与仿真相关概念研究[J].系统仿真学报,2008,20(6):1386-1389.

［10］　杨峰.面向效能评估的平台级体系对抗仿真跨层次建模方法研究[D].长沙:国防科学技术大学研究生院,2003:56.

［11］　刘新亮.技术引入对武器装备体系能力影响的评估方法研究[D].长沙:国防科学技术大学,2009.

［12］　郭金良,王得旺,韩文彬,等.一种多分辨率雷达仿真平台的设计与实现[J].现代防御技术, 2015,43(2):191-198.

［13］　Natrajan A. Consistency maintenance in concurrent representation[D]. Virginia:School of Engineering and Applied Science,University of Virginia,2000.

［14］　González E,Perez A,Cruz J,et al. MRCC:a multi-resolution cooperative control agent architecture [C]//2007 IEEE/WIC/ACM International Conference on Intelligent Agent Technology,2007.

［15］　Robert W F. Computational strategies for disaggregation [C]//Paper of the 9th CGF&BR Conference,2000.

［16］　Stephen A S. Edgardo J B. Enhancing the realism of pseudo disaggregated entities[C]//Paper of the 8th CGF&BR Conference,1999.

［17］　Chen X G,Bai G C. Multi-resolution entities aggregation and disaggregation method for train control system modeling and simulation based on HLA[C]//2014 IEEE 17th International Conference on Intelligent Transportation Systems (ITSC)October 8-11,2014. Qingdao,China.

［18］　Li Y,Li B H,Hu X,et al. Formalization of multi-resolution modeling based on dynamic structure DEVS [C]//International Conference on Information Science and Technology March 26-28,2011 Nanjing,Jiangsu,China.

［19］　Wei S G,Cai B G,Li S H,et al. Multi-resolution simulation strategy and its simulation implementation of Train Control System[C]//IEEE International Conference on Service Operation,Logistics ,and Informatics. IEEE,2011:579-584.

［20］　Gou C,Cal B,Mia Y. Multi-resolution model consistency maintenance method based on ontology mapping [C]//2015 International Conference on Intelligent Computing and Internet of Things (IC1T),Haerbin,

China,2015,103-106.

[21]　Wu Y,Qi E,Liu L. A research on express logistics system simulation based on multi-resolution modeling [C]//International Conference on Management and Service Science,IEEE,2011:1-5.

[22]　Yang B,Wu Y,Ren B. Application of multi-resolution modelling in emergency evacuation simulation[J]. Int. J. Simulation and Process Modelling,2012,7,Nos. 1/2.

[23]　Jie F,Zhao S Y,Li Z,et al. A task multi-resolution modeling method in the aggregated CGF[C]//2013 Fourth International Conference on Intelligent Control and Information Processing,2013,China,Beijing.

[24]　李志飞,吴静. 多粒度建模方法分析及实例研究[J]. 中国电子科学研究院学报,2011(1):72-76.

[25]　李京伟. 多分辨率建模在航母战斗群作战仿真中的应用研究[J]. 系统仿真学报,2013,25(8): 1924-1929.

第5章　装备体系指挥与控制智能实体建模

5.1　引言

　　装备体系认知决策可以分为战术层次微观行为输出以及战役层次宏观指挥控制决策两个层次。战术层次微观行为主要是指个体的行为控制,战役层次的宏观决策主要指指挥控制 Agent 对所属 Agent 的行为控制。体系作战认知行为主要集中于战术层面,这是由于战术层次的实体行为模型较易建立,武器平台的运用规则相对简单,不确定性相对较小,流程相对固定[1],而战役层次的宏观行为相对考虑的因素要多,实现机制也更加复杂,是作战仿真领域的一个难点。然而,装备体系的指挥与控制(Command and Control,C2)是作战仿真领域的一个重要研究方面[2],直接关系到作战效能的大小,是开展装备体系建模仿真需要解决的重要问题。

　　本章将重点介绍针对装备体系作战仿真研究中的战役层次认知决策的建模方法:首先对不同类型的认知决策算法进行论述,主要包括基于规则(Rule-based)的决策算法、基于启发式搜索的个性优化、基于 BDI 的心智模型以及基于强化学习(Reinforcement Learning,RL)的智能算法;然后针对当前认知决策算法存在的不足,给出一种新的基于改进 RL 的装备体系 C2 模型,并对模型的实用性进行案例仿真分析。

5.2　装备体系指挥与控制建模方法

5.2.1　基于规则的决策算法

　　基于规则的决策算法可以表示为:$If(s=s_i) \rightarrow Then(a=a_i)$,由于其简单容易实现而被广泛采用[3,4],如文献[5]在海军作战任务中基于规则算法对指挥控制 Agent 的决策行为进行了建模,为了执行最优的决策,作者对每个 IF-then 的权值进行了设定,具有最大权值的规则被采用,而在实际应用时,规则可以根据实际情况进行一定的调整。文献[6]采用基于规则算法对指挥控制 Agent 的认知决策行为进行了建模研究,但考虑的决策类型较少,只包括进攻、防守以及撤退,并且没有给出实际的仿真验证。

　　为了实现对更复杂作战仿真的认知建模,文献[7]提出了一种基于分层处理的反应型 Agent 决策体系,将空中作战 Agent 的决策根据作战特点分成多个阶段,不同的阶段执行不同的决策规则,包括起飞阶段、巡航阶段、攻击阶段、规避阶段以及降落阶段等。例如,采用最大威胁规则进行 Agent 的射击决策,采用风险最小与距离最短的 A* 算法进行路径选择决策。文献[8]采用了与 Daniel 类似的做法对空战 Agent 的战术行为进行决策,重点分析了不同情形下的协作问题。

　　针对指挥员在进行指挥与控制时面临的时间处理压力,文献[2]提出了一种基于满意度的规则匹配算法,通过设置一定的条件满足阈值实现有限时间内规则的快速匹配与激活,该算法比较符合人的认知特点,属于一种有限理性的决策算法。

　　基于规则的决策算法虽然较易实现,但是规则的确定尤其是对于更复杂的情形具有一定的困难,且由于规则相对固定,对于未知环境难以适用。

5.2.2　基于启发式搜索的个性优化算法

　　个性优化的基本思路是将 Agent 赋予多个个性,最终的动作由所有个性的加权和决定,优化目标是最合理的个性权值,可通过启发式算法进行个性优化以提高决策质量,如文献[9]为 Agent 设置五种类型的个性:移动到健康友军的意愿、移动到受伤友军的意愿、移动到健康敌军的意愿、移动到受伤敌军的意愿,以及传感器获得的目标位置特征。每个个性对应一个权重因子,最终的移动由具有最大权值的方向决定,其他著名的作战仿真平台如 ISAAC、EINSTein、CRO-CACDILE[10]也是采用类似的模式。

　　借鉴 EINSTein 的做法,一些学者对其进行了一定的扩展,如文献[11]延续了个性权向量决策算法并加入了若干约束规则,在此基础上进行遗传算法的优化。文献[12]在分队对抗建模仿真中也采用了基于个性的决策算法,在WISDOM 的基础上又增加了移动到友方指挥中心的位置个性,通过对个性予以固定探索了不同个性权重下的宏观涌现行为,收到了良好效果。然而这种方法过于表现主观因素,对环境等客观因素刻画不足。

5.2.3　基于 BDI 的心智模型

　　BDI 是一类比较有代表性的认知型 Agent 决策模型,在作战仿真领域应用十分广泛[13-15]。BDI 模型的行为输出框架主要包括信念更新、愿望更新以及意图更新等流程,如图 5-1 所示,其中,信念根据 Agent 的感知器以及信念知识库获取,愿望根据愿望知识库以及信念推理得到,而意图根据意图库以及愿望推理得到,最后根据 Agent 的意图执行一系列的行为。

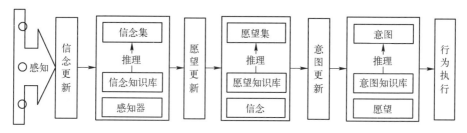

图 5-1　基于 BDI 的 Agent 行为输出框架

BDI 是基于心智的模型,可用于模拟人的认知行为,例如,文献[16]对基于 BDI 模型建立的 Agent 结构进行了类人行为的研究,结合了有限理性理论,通过这种类型的 Agent 在进行路径选择任务时的决策制定结果与人的思维结果进行对比来分析验证这种结构的效果,作者认为 Agent 理解的环境是不精确的理解结果,是符合人的特征的,应该最大程度的考虑与人的相似性。文献[17]采用 BDI 模型对不对称作战 Agent 的思考机制进行了建模,通过 BDI 框架将 Agent 对作战形势的认知分为长期的目标以及短期的行动计划,并根据目标形成行动序列,通过 belief、desire 以及 intention 之间的依赖关系,能够对作战过程形成一个较清晰的认识。文献[18]在基于半自治作战 Agent 的认知决策模型研究中也采用了 BDI 模型,实现了基于有限理性的 Agent 决策。

然而,BDI 模型在一定程度上依赖于对环境的先验知识和理解,对于更复杂的体系对抗情形难以适用,并且具有一定的主观性,使得决策结果影响了体系评估的客观性。

5.2.4　基于强化学习的智能决策算法

RL 算法具有对不确定环境自适应的能力[19,20],并且具有一定的推理能力[21],使得 Agent 可以通过"试错"的方式自行积累经验,逐步改善决策能力,而不需要拥有关于环境的任何先验信息,因此是一种无师在线自主智能决策技术,广泛应用于复杂问题、不确定环境中的 Agent 认知行为求解。

基于 RL 的 Agent 认知决策示意图如图 5-2 所示,主要包括行为(Action)输出、状态变迁、接收奖赏(Reward)、策略学习、在当前状态基础上进行行为选择等流程,并形成了试错与改进的学习环路。需要说明的是,环境不仅仅指气象、山脉等物理信息,还包括其他 Agent 的有用信息,即除了学习 Agent 自身,其他元素都可以视为环境被学习 Agent 考虑。

图 5-2 基于强化学习的 Agent 认知决策示意图

RL 算法主要包括 TD 算法、Sarsa(状态-行为-奖赏-状态-行为)算法、Q-learning 算法等,其他 RL 算法基本上在这三种算法基础上的改进,因此下面主要对这三种算法分别进行介绍。

1. TD 算法

TD 算法由 Sutton 提出[22],其核心思想是求解状态 S 对应的效用值,在实际选择动作执行时,选择具有最大效用的状态 S' 所对应的动作 a。根据 TD 算法,状态 S 下的效用值 $V(S)$ 是 Agent 执行动作 a 后获得的立即奖赏 r 与下一个状态 S' 对应的效用之和,根据时间差分公式迭代求解:

$$V(S) = V(S) + \alpha[r + \gamma V(S') - V(S)] \tag{5-1}$$

2. Sarsa 算法

Sarsa 算法[23]由 Rummery 和 Niranjan 提出,Sarsa 算法是一种改进的 Q-learning 算法,其区别在于 Agent 在选择下个动作时,并非一成不变地搜索最大的状态-动作对,而是基于一定的选择策略,通常采用玻耳兹曼选择算法,这样的结果是 Agent 学习的并非最优的策略,而是即将执行的策略的 Q 值:

$$Q(S,a) = Q(S,a) + \alpha[r + \gamma Q(S',a') - Q(S,a)] \tag{5-2}$$

3. Q-learning 算法

Q-learning 算法由 Watkins 提出[24],由于 Q-learning 算法直接对状态-动作对的值函数进行求解,相比 TD 算法更加方便,同时容易理解,因此是一种应用最多的 RL 算法。在知道马尔科夫决策模型(MDP)相关知识的情况下,Q-learning 算法可以基于 MDP 实现,求解更加高效,而当 MDP 模型知识无法获取时,Q-learning 算法本质上由于增加了学习负担,因此收敛较慢。对于模型无关的 Q-learning 算法,其 Q 函数的迭代形式为

$$Q(S,a) = Q(S,a) + \alpha[r + \gamma \max_{a'} Q(S',a') - Q(S,a)] \tag{5-3}$$

式(5-3)属于 $Q(0)$ 算法,即 Agent 的奖赏值用于更新估计的奖赏值时只回退一步,而通过修改公式的形式,可以使 Agent 的奖赏值回退任意步以加快收敛速度,即 $Q(\lambda)$ 算法。$Q(\lambda)$ 通过为每个状态行为记录一个资格迹(Eligibility trace)来表征该状态行为对的贡献度,而在进行更新时,所有资格迹不为零的状态行为对都会被更新[25]:

$$Q(s,a)=(1-\alpha)Q(s,a)+\alpha\times e(s,a)\left[r+\gamma\max_{a'}Q(s',a')\right] \qquad (5-4)$$

同时更新所有的资格迹:

$$e(s',a')=\begin{cases}1, & s'=s,a'=a\\ \gamma\lambda e(s',a'), & \text{其他}\end{cases} \qquad (5-5)$$

Q-learning 的收敛条件是:每个状态–行为对的值都是确切的;所有时间序列的学习速率之和是无穷大,但是平方和是有限的;Agent 在所有的状态都会以非零概率执行所有的行为。然而,对于很多实际问题,上述收敛条件难以保证,尤其是对于不确定性的问题空间,难以保证每个状态都是确切的,因此收敛性仍然是 Q-learning 相关研究的一个重要方面,同时也是 RL 算法面临的一项巨大挑战。

以上算法都是针对单智能体的情形,对于多智能体情形,由于环境的状态转移不仅受单个 Agent 行为的支配,而且受其他 Agent 策略的影响,因此具有更大的不确定性,在一定程度上增加了学习的难度。目前,主要包括多智能体联合 Q-learning算法、基于加权重和的 Q-learning 算法以及基于信息共享的 Q-learning 算法,下面对其进行说明。

4. 联合 Q-learning 算法

相比基于单 Agent 的 Q-leaning 算法,联合 Q-leaning[26]将原来的状态–动作对 Q 函数扩展为状态–联合动作对 Q 函数,即增加了自变量的维数,同样基于 TD 公式,其 Q 函数的迭代形式为

$$\begin{cases}Q_t^i(s_t^i,\vec{a})=Q_{t-1}^i(s_t^i,\vec{a})+\alpha_t\left[r_t^i+\gamma\times\pi^1(\vec{s_t})\cdots\pi^n(\vec{s_t})\times\right.\\ \qquad Q_{t-1}^i(s_t^i,\vec{a})-Q_{t-1}^i(s_t^i,\vec{a})\left.\right]\\ \pi^1(\vec{s_t})\cdots\pi^n(\vec{s_t})\times Q_{t-1}^i(s_t^i,\vec{a})=\sum_{a^1\in A^1}\cdots\sum_{a^n\in A^n}P_t^1(\vec{s_t},a^1)\cdots\\ \qquad P_t^n(\vec{s_t},a^n)\times Q_{t-1}^i(s_{t-1}^i,a^1,a^2,\cdots,a^n)\end{cases} \qquad (5-6)$$

式中:$Q_t^i(s_t^i,\vec{a})$ 为第 i 个 Agent 的 Q 函数;$\vec{a}$ 为所有 Agent 的联合动作;$P_t^i(\vec{s_t},a^i)$ 为学习 Agent 预测的第 i 个 Agent 在联合状态 $\vec{s_t}$ 下采取行动 a^i 的概率;$a^i\in A^i$;A^i 为第 i 个 Agent 的动作空间。其中,$P_t^i(\vec{s_t},a^i)$ 可以由 a^i 出现的频率估计,即 Agent 需要获取其他 Agent 历史动作的信息。

显然,维数诅咒是联合 Q-leaning 算法面临的一个主要问题,即求解的复杂性与 Agent 的数目呈指数型增长,且 Agent 数目越多学习效率越低,因此只适合于 Agent 数目较小的场景。

5. 基于加权和的 Q-learning 算法

加权和 Q-learning 算法[27]通过为每个 Agent 的 Q 函数赋予一定的权重来计算所有 Agent 联合动作的 Q 值,实现联合动作选择的目的。假设 u_i 为第 i 个智能体的学习权系数,则联合动作的 Q 值函数计算方法为

$$Q_t(\vec{s_t}, \vec{a}) = \sum_{i=1}^{k} u_i Q_t^k(\vec{s_t}, a_t^k) \tag{5-7}$$

式中:单个 Agent 的 Q 函数计算公式为

$$Q_t^k(\vec{s_t}, a_t^k) = (1-\alpha) Q_{t-1}^k(\vec{s_t}, a_t^k) + \alpha \{ r_t + \gamma \max_{\vec{a}'} [Q_t(\vec{s_t})] \} \tag{5-8}$$

可以看出,相比联合 Q-leaning 算法,加权和 Q-leaning 算法依然无法避免维数诅咒的问题,且无法有效确定各个 Agent 的学习权重。

6. 基于信息共享的 Q-learning 算法

基于信息共享的 Q-learning 算法[28]的基本原理是将学习过程分为多个阶段,在每个阶段内 Agent 根据全局状态以及自身动作进行决策,而在阶段结束时对学习结果进行加权融合,目的是共享其他 Agent 的学习成果,假设 $w_i(s,a)$ 为第 i 个 Agent 的状态动作对权重,则 Agent 的 Q 函数更新公式为

$$Q(s,a) = \sum_{i=1}^{n} w_i(s,a) \times Q_i(s,a) \tag{5-9}$$

其中 $w_i(s,a)$ 的计算方法为

$$w_i(s,a) = lv_i(s,a) / [lv_i(s,a) + gv(s,a)] \tag{5-10}$$

式中:$lv_i(s,a)$ 为第 i 个 Agent 状态 s 动作 a 的访问次数,其中:

$$gv(s,a) = \sum_{i=1}^{n} lv_i(s,a) \tag{5-11}$$

为所有 Agent 的状态 s 动作 a 的总访问次数。

基于信息共享的 Q-learning 算法的优点是避免了多 Agent 学习维数诅咒的弊端,但也存在表现优异的 Agent 学习成果在其他 Agent 的影响下变坏的问题,使得某些原本合理的 Q 值不再合理,因此也不能很好地解决多 Agent 强化学习无法收敛的问题。此外,最好的策略会随着其他 Agent 的策略改变而改变,使得多 Agent 强化学习的学习目标存在动态性,无法有效收敛到均衡解。

目前,RL 算法在战争复杂系统的 C2 建模中已有一定的应用。文献[29]以战场仿真中安全隐蔽的寻找模型为例对基于半自治作战 Agent 的 Profit-sharing Q-learning 进行了实验研究,通过采用资格迹机制在任务结束

时对 Q 函数进行信度分配,有效提高了 Q-learning 的收敛性。文献[30]将 Q-learning 引入智能体模糊战术机动决策模型中,有效地解决了 MDP 状态转移规律难以获得时的模型求解问题。文献[31]基于 Q-learning 对仿真航空兵的空战机动决策问题进行了研究。文献[32]基于高斯径向基神经网络和 Q-learning 对飞行器三维空间的隐蔽接敌策略进行了学习研究。文献[11]在作战仿真研究中对指挥控制 Agent 基于强化学习算法和遗传算法进行进化。文献[33]提出了一种基于 RL 的动态脚本(Dynamic Scripting,DS)技术用于空战 Agent 的战术决策模型,DS 由规则库、脚本、强化算法组成,并通过 2 对 1 空战验证了算法的有效性,同时表明基于协作的 DS+C 算法要优于没有协作的 DS 算法,但是没有考虑对手的行为影响,因此还不能收敛到最优解。

因其对不确定性环境以及未知环境的自适应能力和进化能力,强化学习的理论研究和实际应用非常广泛,是人工智能中的一项重要研究内容。而复杂系统的复杂性、未知性、不确定性等复杂特性使得传统的认知智能模型无法适用于复杂系统的认知行为建模求解,因此采用强化学习技术实现不确定性复杂系统认知模型研究将是主要的突破点。

然而,基于多 Agent 的多智能体联合 Q-learning 算法存在维数诅咒的缺陷,使其无法有效适用于规模巨大的复杂系统研究,基于权重的多智能体 Q-learning 算法同样具有维数诅咒问题,并且各个学习个体的权重无法有效确定,而基于信息共享的 Q-learning 算法虽然能够有效避免维数诅咒的问题,但是 Q 值函数的融合机制还有待进一步优化。

5.3　基于改进强化学习的装备体系指挥控制模型

5.3.1　装备体系的指挥控制复杂性分析

装备体系的指挥控制模型主要是针对指挥控制 Agent 的认知决策模型,假设指挥控制 Agent 的状态空间(态势集合)$S=\{s_1,s_2,\cdots\}$,将可采取的行动(决策指令)作为行为集合 $A=\{a_1,a_2,\cdots\}$,则指挥控制 Agent 认知域的本质是建立从 S 到 A 的一个映射,即 $f(s)\to a$,其中 $s\in S,a\in A$。在 RL 领域中,通常将 f 称为一个策略 π,而最合理的映射即对应于 RL 领域中的最优策略 π^*。由于仿真进程是以仿真时钟为单位向前推进的,因此指挥控制 Agent 的认知行为也是以仿真时钟为单位,即在每一个仿真时钟步 t,指挥控制 Agent 都会根据当前状态 s_t 选择一个合理的行为 a_t,进而完成一次认知。表面上看,指挥控制 Agent 的认知域求解是一个非常简单的问题,只要通过搜索的方法既可找到每个状态对应的最优行动,然而,实际情形却非常复杂,这是因为以下原因:

(1) S 和 A 的度是非常大的,这是由装备体系的复杂特性导致的,这使得指挥控制 Agent 的认知域求解比普通的认知问题求解更困难。

(2) s 不是确定的,且具有一定的模糊性,这主要是因为 Agent 的感知能力有限,大多数情形下,Agent 只能观察到环境的局部。

(3) 每个状态对应的奖赏 $V(s)$ 是未知的,比较好的情形是指挥控制 Agent 只能获取单步的奖赏 r,即指挥控制 Agent 在状态 s 下采取行动 a 得到的立即奖赏,然而,$V(s) \neq r$。

(4) 认知是序贯的,指挥控制 Agent 不仅要考虑 r 的大小,还要考虑对未来的影响,并且规划期是不确定的,甚至是无限的,认知域维度与规划期成指数增长关系。

(5) 指挥控制 Agent 的数量大于 1 时,指挥控制 Agent 不仅要考虑自身动作的影响,还要考虑其他 Agent 行为的影响,对于这种情形的认知求解问题,通常称为联合认知问题,因此认知域维度也与指挥控制 Agent 的数量成指数增长关系,常被称为"维数诅咒"。

(6) s 通常是多维的,具有多个特征维度,准确的表示应为 $\vec{s}$,且每个维度都是连续变量,假设学习 Agent 的数目为 n,规划期为 T,在不考虑其他因素的理想情况下,则 $\pi*$ 的计算复杂度为

$$O((\,|\,\vec{s}\,|, |S|, |A|, T, n)) = (\,|\,\vec{s}\,| \times |S| \times |A|)^{n \times T} \qquad (5-12)$$

可见,指挥控制 Agent 的认知问题是一个 NP 难问题。

上述问题构成了指挥控制 Agent 认知域的复杂性维度。对于 NP 难问题的精确求解是不现实的,一种折中的做法是求取问题解的一个最佳逼近。此外,通过限制某个变量的维度来压缩问题求解规模,当然,这种限制必须是合理的,能够满足问题求解的需求。

RL 算法是一种无监督学习规划机器学习算法,只要结构合理,能够无限逼近问题的最优解,尤其是近几年,广泛用于不确定性、复杂性、未知性环境的认知问题求解。RL 算法可分为基于模型的算法和基于模型无关的算法。基于模型的算法主要用于 MDP(Markov Decision Process)的求解,在已知模型的状态转移条件概率以及期望回报前提下,可基于动态规划算法进行迭代求解。然而,对于大多数问题,模型的状态转移条件概率以及期望回报是未知的,模型知识只能在线获取,这是模型无关算法的主要区别。

鉴于模型无关 RL 算法的优势,可通过模型无关 RL 算法对指挥控制 Agent 的认知域进行建模求解,下面介绍一种基于跨步差分群体进化的 Q-learning 算法(Stride temporal Difference Population Evolution Q-learning,SDPEQ)。针对上述原因(2),利用跨步差分的迭代机制,通过多步累积回报提高历史策略的时间信度,增强强化信号,尽可能减小不确定性的影响。针对上述原因(5),基于遗传算法的多 Agent 并行学习进化机制,将 Agent 数量劣势转化为数量优势,利用进化的思路改进 RL 算法的成果共享机制。

5.3.2　基于跨步差分的 Q-learning 算法

RL 的一个重要里程碑就是 Q-learning 学习算法,Q-learning 不需要任何模型的先验知识即可实现问题的自适应求解,因此是一种模型无关的 RL 算法。Q-learning 利用时间差分(Temporal Difference,TD)公式直接估计状态–动作 (s,a) 对的期望值,采用 $Q^*(s,a)$ 表示,对应于行为选择策略 π^*。假设 $Q^*(s,a)$ 的当前估计值用 $Q(s,a)$ 表示,下一时刻的值用 $V_t(s)$ 来表示,根据 TD 公式,有

$$Q_t(s,a) = Q_{t-1}(s,a) + \alpha_t [V_t(s) - Q_{t-1}(s,a)] \tag{5-13}$$

又根据 Bellman 优化公式有 $V_t(s) = r_t + \gamma \max_{a'} Q_{t-1}(s',a')$,表示新的 Q 值等于 Agent 在状态 s 下执行行为 a 获得的立即奖赏 r_t 加下一时刻的最大 Q 值的折扣, s' 代表转移的下一状态,则将 $V_t(s)$ 代入式(5-13)得到最终的 Q-Learning 迭代公式为

$$Q_t(s,a) = Q_{t-1}(s,a) + \alpha_t [r_t + \gamma \max_{a'} Q_{t-1}(s',a') - Q_{t-1}(s,a)] \tag{5-14}$$

式中:t 为当前时钟;α_t 为学习速率。可以看出,Q-learning 的迭代公式采用的是单步差分公式,即在每个时间步都进行 Q 表的学习。而实际上,对于基于装备体系对抗仿真的指挥 Agent 认知决策问题,有两个显著的特点:一是指挥 Agent 的状态并非在每个时间步都会发生变迁,往往连续多个仿真时钟都是同一个状态,即 $s_t = s_{t-m}$;二是单步奖赏值 r_t 非常小甚至趋于零,即 Agent 在 s_t 时采取一个动作 a_t 后没有收到任何回报,因此也就无法对 $Q_t(s,a)$ 的好坏进行评价。可通过某次仿真的某指挥 Agent 认知过程时序图进一步印证这两个特点,如图 5-3 所示,其中 X 轴为仿真时钟,Y 轴为状态编号,Z 轴为奖赏值。由图可以看出状态不变或者单步奖赏值为零的时刻居多,并且状态与奖赏值变化之间没有绝对关联,状态变化奖赏值不一定变化,奖赏值变化状态不一定变化。考虑到这两种特殊情况,一是状态未改变,二是奖赏值为零,均不适合进行差分学习,反而会造成计算资源的浪费,为此,基于跨步时间差分的迭代,用未来 N 步的累积奖赏值 R 代替用于 Q 值更新的单步奖赏,Q 表不会立即更新,而是当 R 大于一定的阈值

R' 或者状态发生改变后再进行更新。采用跨步差分机制不仅能够解决上述问题,而且能够提高仿真效率,同时能够增强学习信号,使针对 $Q(s,a)$ 的估计也更加准确,尤其是对于不确定性极高的体系对抗环境。

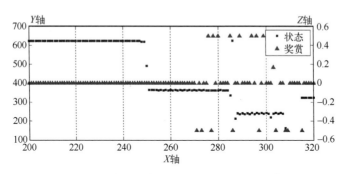

图 5-3 某次作战仿真的指控 Agent 认知域时序变化

假设 $V_{t-\hat{\imath}}(s_{t-\hat{\imath}})$ 是 $t-\hat{\imath}$ 时刻状态 $s_{t-\hat{\imath}}$ 对应的新的 Q^* 值,$\hat{\imath} \in N$,根据 TD 公式,可得 Q 函数在 t 时刻的更新公式为

$$Q_t(s_t,a) = Q_{t-\hat{\imath}}(s_{t-\hat{\imath}},a) + \alpha_t \left[V_{t-\hat{\imath}}(s_{t-\hat{\imath}}) - Q_{t-\hat{\imath}}(s_{t-\hat{\imath}},a) \right] \qquad (5-15)$$

又由于在 Q 表更新之前,根据 Bellman 优化公式,前一时刻选择的策略对应的新的 Q 值 $V_{t-\hat{\imath}}(s_{t-\hat{\imath}})$ 必然等于采用该策略得到的立即奖赏 $r_{t-\hat{\imath}}$ 加上下一时刻新 Q 值的折扣,即对于连续的 $\hat{\imath}$ 个时刻:

$$
\begin{aligned}
V_{t-\hat{\imath}}(s_{t-\hat{\imath}}) &= r_{t-\hat{\imath}} + \gamma V_{t-\hat{\imath}+1}(s_{t-\hat{\imath}+1}) \\
V_{t-\hat{\imath}+1}(s_{t-\hat{\imath}+1}) &= r_{t-\hat{\imath}+1} + \gamma V_{t-\hat{\imath}+2}(s_{t-\hat{\imath}+2}) \\
&\vdots \\
V_{t-1}(s_{t-1}) &= r_{t-1} + \gamma V_t(s_t) \\
V_t(s_t) &= r_t + \gamma \max_{a'} Q_{t-\hat{\imath}}(s_{t+1},a')
\end{aligned}
\qquad (5-16)
$$

则有

$$
\begin{aligned}
V_{t-\hat{\imath}}(s_{t-\hat{\imath}}) &= r_{t-\hat{\imath}} + \gamma V_{t-\hat{\imath}+1}(s_{t-\hat{\imath}+1}) = r_{t-\hat{\imath}} + \gamma \left[r_{t-\hat{\imath}+1} + \gamma V_{t-\hat{\imath}+2}(s_{t-\hat{\imath}+2}) \right] = r_{t-\hat{\imath}} + \gamma r_{t-\hat{\imath}+1} + \\
&\quad \gamma^2 V_{t-\hat{\imath}+2}(s_{t-\hat{\imath}+2}) = r_{t-\hat{\imath}} + \gamma r_{t-\hat{\imath}+1} + \gamma^2 \left[r_{t-\hat{\imath}+2} + \gamma V_{t-\hat{\imath}+3}(s_{t-\hat{\imath}+3}) \right] = r_{t-\hat{\imath}} + \gamma r_{t-\hat{\imath}+1} + \\
&\quad \gamma^2 r_{t-\hat{\imath}+2} + \gamma^3 V_{t-\hat{\imath}+3}(s_{t-\hat{\imath}+3}) = \cdots = r_{t-\hat{\imath}} + \gamma r_{t-\hat{\imath}+1} + \gamma^2 r_{t-\hat{\imath}+2} + \cdots + \gamma^{\hat{\imath}-1} r_{t-1} + \gamma^{\hat{\imath}} V_t(s_t) = \\
&\quad r_{t-\hat{\imath}} + \gamma r_{t-\hat{\imath}+1} + \gamma^2 r_{t-\hat{\imath}+2} + \cdots + \gamma^{\hat{\imath}-1} r_{t-1} + \gamma^{\hat{\imath}} r_t + \gamma^{\hat{\imath}+1} \max_{a'} Q_{t-\hat{\imath}}(s_{t+1},a')
\end{aligned}
$$

$$(5-17)$$

将式(5-17)代入式(5-16)得到最终的 SDPEQ 函数更新公式如下:

$$
\begin{cases}
Q_t(s_t,a)=Q_{t-\hat{i}}(s_{t-\hat{i}},a)+\alpha_t\left[R_t+\gamma^{\hat{i}+1}\max_{a'}Q_{t-\hat{i}}(s_{t+1},a')-Q_{t-\hat{i}}(s_{t-\hat{i}},a)\right]\\
R_t=r_{t-\hat{i}}+\gamma r_{t-\hat{i}+1}+\gamma^2 r_{t-\hat{i}+2}+\cdots+\gamma^{\hat{i}-1}r_{t-1}+\gamma^{\hat{i}}r_t\\
R'<R_t \parallel s_t\neq s_{t-\hat{i}}
\end{cases}
\tag{5-18}
$$

式中：$R_t+\gamma^{\hat{i}+1}\max\limits_{a'}Q_{t-\hat{i}}(s_{t+1},a')$ 为 t 时刻的实际 Q 值，由 $[t-\hat{i},t]$ 之间的累积奖赏以及 $t+1$ 时刻的预测值组成；$Q_{t-\hat{i}}(s_{t-\hat{i}},a)$ 为 $t-\hat{i}$ 时刻的预测值。二者之差表示预测值与实际值之间的误差，即 TD 误差，可用于强化学习。

5.3.3　基于径向基神经网络的状态空间表示

针对指挥控制 Agent 认知域状态空间连续多维的"分割"难题，如何进行有效的离散表示是一个关键问题，关系到算法演化的可行性和高效性。考虑到径向基神经网络优良的拟合能力和泛化能力，可以采用高斯径向基（Gauss Radial Basis Function，GRBF）神经网络对指挥控制 Agent 巨大的认知域进行拟合表示。径向基神经网络的网络结构由三层组成，如图 5-4 所示，第一层为输入层，输入的变量 $\vec{s}$ 是多维特征向量，向量维度为 p，代表指挥控制 Agent 的当前状态，第二层为隐含层，输出为输入变量对各个隐含层节点的隶属度，采用高斯函数作为径向基函数，第三层为输出层，q 为行动集合的维度，其径向基函数为

$$
b_i(\vec{s})=\exp\left(-\frac{\|\vec{s}-\vec{c}_i\|^2}{2\sigma_i^2}\right),\quad i=1,2,\cdots,m
\tag{5-19}
$$

式中：$\vec{c}_i$ 为第 i 个基函数的中心，与 $\vec{s}$ 具有相同的维度；σ_i 为第 i 个基函数的宽度；m 为基函数的个数，代表了隐层节点的个数；$\|\vec{s}-\vec{c}_i\|$ 为输入状态与基函数中心的欧几里得距离；$b_i(\vec{s})$ 为 $\vec{s}$ 隶属于第 i 个基函数的隶属度。该隶属度函数（径向基函数）的形式如图 5-5 所示。

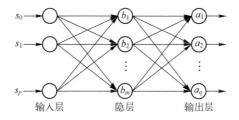

图 5-4　径向基神经网络结构

采用加权平均法计算径向基神经网络的输出：

$$
Q(\vec{s},a_j)=\sum_{i=1}^{m}\overline{b}_i(\vec{s})w_{ij},\quad j=1,2,\cdots,q
\tag{5-20}
$$

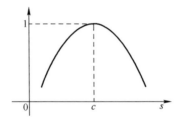

图 5-5　高斯隶属度函数曲线

式中：w_{ij} 为隐含层第 i 个节点与输出层第 j 个节点之间的连接权值，选择动作时可以根据贪心策略选择最大 Q 值对应的动作；$\bar{b}_i(\vec{s})$ 为隐含层第 i 个节点的归一化：

$$\bar{b}_i(\vec{s}) = \frac{b_i(\vec{s})}{\sum_{j=1}^{m} b_j(\vec{s})} \tag{5-21}$$

5.3.4　基于遗传范式的学习成果融合

本节进一步针对联合意图以及信息共享机制存在的问题，介绍一种模拟遗传算法进化范式的多 Agent 群体进化并行学习框架。其基本思想是采用连续多次对抗在线学习机制，以每一次对抗全过程作为一个学习周期，在对抗过程中所有指挥控制 Agent 分别学习，由于体系对抗环境充满了不确定性和随机性，因此每个指挥控制 Agent 的学习成果都是有所差别的，这相当于遗传算法中的变异操作。当学习周期结束后，选择具有最大累积奖赏值的 Q 表作为新学习周期的初始 Q 表，这相当于遗传算法中的选择操作。而所有指挥控制 Agent 在相同的初始 Q 表基础上进行下一个周期的学习则相当于遗传算法中的遗传。群体进化机制使得多 Agent 强化学习（Multi-Agent Reinforcement Learning，MARL）算法能够向着具有最大收益的方向进化，并且能够利用多 Agent 并行计算的优势加快进化速率，其遗传、变异以及选择操作机制与遗传算法的对比如图 5-6 所示。

以仿真结束时的累积总奖赏值 R_T 作为其适应度函数为

$$R_T = \sum_{t=1}^{T} \gamma^{t-1} r_t \tag{5-22}$$

式中：T 为仿真结束时的时钟。相比传统的 MARL 信息融合以及联合决策模式，群体进化 MARL 算法避免了传统算法通信受限以及维数灾难的瓶颈，且使得算法的搜索空间与 Agent 的数量不相关，进而将多 Agent 的数量劣势转化为了数量优势，确保了决策收益的稳步提升。

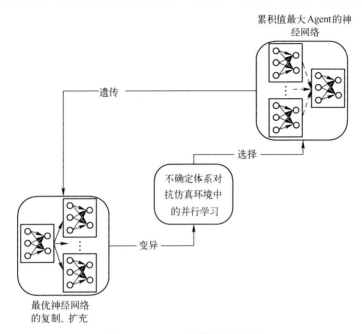

图 5-6　SDPEQ 群体进化机制

5.3.5　预训练与在线学习流程

1. 基于 k-means 的神经网络预训练

径向基神经网络可采用 k-means 聚类算法确定高斯径向基函数的中心和宽度,也可以采用动态资源分配算法确定,但考虑到状态空间的样本数目是极其巨大的,动态资源分配算法会存在训练效率慢以及网络规模过大的问题,为此采用 k-means 聚类算法预先确定径向基函数的中心和宽度。假设 $x_i \in S$,下面给出基于 k-means 聚类的基函数中心与宽度确定方法(表 5-1),称为神经网络的预训练。

表 5-1　基于 k-means 聚类的基函数中心与宽度确定方法

步骤 1　初始化所有聚类中心 $C_i(i=1,2,\cdots,m)$,m 为预先确定的聚类数目,选择最初的 m 个样本作为聚类中心的初始值。

步骤 2　对所有的样本 $x_i(i=1,2,\cdots,S_N)$,按照最近聚类中心进行分组,即若 $\|x_i-C_k\|=\min \|x_i-C_i\|(1 \leqslant k \leqslant m;i=1,2,\cdots,m)$,则将样本 x_i 归为聚类 $\theta_k(1 \leqslant k \leqslant m)$,$\theta_k$ 的中心为 C_k。

（续）

步骤 3　根据类 $\theta_k(1 \leqslant k \leqslant m)$ 中样本的平均值重新调整聚类中心 $C_{ij} = \dfrac{1}{N_i} \sum\limits_{i=1}^{N_i} x_{ij}$，$N_i$ 为第 i 个聚类集合中的样本个数，C_{ij} 为第 j 个聚类中心的第 j 个分量，x_{ij} 为聚类中的样本 x_i 的第 j 个分量。

步骤 4　重复步骤 2 和步骤 3，直到聚类中心不再变化，将各聚类中心 C_i 作为径向基函数的中心，赋值给各个径向基函数。

步骤 5　径向基函数的宽度 $\sigma_i = \max \| C_i - C_j \| / \sqrt{2m}$，$i \in [1, m]$，$j \in [1, m]$，$i = (1, \cdots, m)$。

2. 基于 RL 的在线学习

在预先确定了网络结构后，RL 学习目标只剩输出权值的学习，可以使得学习过程更加稳定，可采用梯度下降法进行。根据跨步差分机制，构造神经网络的学习目标为使得下式误差越来越小：

$$E = (1/2) \times [\hat{R}_t + \gamma^{\tilde{i}+1} \max_{a' \in A} Q(\vec{s}_t, a') - \sum_{i=1}^{m} b_i(\vec{s}_{t-\tilde{t}}) w(t-\tilde{t})_{i, idx(a_{t-\tilde{t}})}]^2 \quad (5\text{-}23)$$

又根据梯度下降法，t 时刻的权值 $w(t)_{i, idx(a_{t-\tilde{t}})}$ 更新公式为

$$w(t)_{i, idx(a_{t-\tilde{t}})} = w(t-\tilde{t})_{i, idx(a_{t-\tilde{t}})} + \alpha \times \left[-\frac{\partial E(w)}{\partial w} \Big| w = w(t-\tilde{t})_{i, idx(a_{t-\tilde{t}})} \right]$$

$$w(t-\tilde{t})_{i, idx(a_{t-\tilde{t}})} + \alpha \times (1/2) \times 2 \times [\hat{R}_t + \gamma^{\tilde{i}+1} \max_{a' \in A} Q(\vec{s}_t, a') -$$

$$\sum_{i=1}^{m} b_i(\vec{s}_{t-\tilde{t}}) w(t-\tilde{t})_{i, idx(a_{t-\tilde{t}})}] \times$$

$$\left(-\left\{ \frac{\partial [\hat{R}_t + \gamma^{\tilde{i}+1} \max\limits_{a' \in A} Q(\vec{s}_t, a') - \sum\limits_{i=1}^{m} b_i(\vec{s}_{t-\tilde{t}}) w(t-\tilde{t})_{i, idx(a_{t-\tilde{t}})}]}{\partial w} \Big| w = w(t-\tilde{t})_{i, idx(a_{t-\tilde{t}})} \right\} \right) =$$

$$w(t-\tilde{t})_{i, idx(a_{t-\tilde{t}})} + \alpha \times [\hat{R}_t + \gamma^{\tilde{i}+1} \max_{a' \in A} Q(\vec{s}_t, a') - \sum_{i=1}^{m} b_i(\vec{s}_{t-\tilde{t}}) w(t-\tilde{t})_{i, idx(a_{t-\tilde{t}})}] \times$$

$$\left\{ \frac{\partial [\sum\limits_{i=1}^{m} b_i(\vec{s}_{t-\tilde{t}}) w(t-\tilde{t})_{i, idx(a_{t-\tilde{t}})}]}{\partial w} \Big| w = w(t-\tilde{t})_{i, idx(a_{t-\tilde{t}})} \right\} = w(t-\tilde{t})_{i, idx(a_{t-\tilde{t}})} +$$

$$\alpha \times [\hat{R}_t + \gamma^{\tilde{i}+1} \max_{a' \in A} Q(\vec{s}_t, a') - \sum_{i=1}^{m} b_i(\vec{s}_{t-\tilde{t}}) w(t-\tilde{t})_{i, idx(a_{t-\tilde{t}})}] \times b_i(\vec{s}_{t-\tilde{t}}) \quad (5\text{-}24)$$

即对每一个隐层节点对应的权值 $w(t)_{i, idx(a_{t-\tilde{t}})}$，有

$$
\begin{cases}
w(t)_{1,idx(a_{t-\tilde{t}})} = w(t-\tilde{t})_{1,idx(a_{t-\tilde{t}})} + \alpha \times \\
\quad \left[\hat{R}_t + \gamma^{\tilde{i}+1} \max_{a' \in A} Q(\vec{s}_t, a') - \sum_{i=1}^{m} b_i(\vec{s}_{t-\tilde{t}}) w(t-\tilde{t})_{i,idx(a_{t-\tilde{t}})} \right] \times b_1(\vec{s}_{t-\tilde{t}}) \\
w(t)_{2,idx(a_{t-\tilde{t}})} = w(t-\tilde{t})_{2,idx(a_{t-\tilde{t}})} + \alpha \times \\
\quad \left[\hat{R}_t + \gamma^{\tilde{i}+1} \max_{a' \in A} Q(\vec{s}_t, a') - \sum_{i=1}^{m} b_i(\vec{s}_{t-\tilde{t}}) w(t-\tilde{t})_{i,idx(a_{t-\tilde{t}})} \right] \times b_2(\vec{s}_{t-\tilde{t}}) \\
\qquad\qquad\qquad\qquad \cdots \\
w(t)_{m,idx(a_{t-\tilde{t}})} = w(t-\tilde{t})_{m,idx(a_{t-\tilde{t}})} + \alpha \times \\
\quad \left[\hat{R}_t + \gamma^{\tilde{i}+1} \max_{a' \in A} Q(\vec{s}_t, a') - \sum_{i=1}^{m} b_i(\vec{s}_{t-\tilde{t}}) w(t-\tilde{t})_{i,idx(a_{t-\tilde{t}})} \right] \times b_m(\vec{s}_{t-\tilde{t}})
\end{cases}
\tag{5-25}
$$

式中：$idx(a_t)$ 为 t 时刻执行的行动的序号；$\tilde{t}$ 为跨步差分的时间间隔；$\max_{a' \in A} Q(\vec{s}_t, a')$ 为选择节点具有最大输出 Q 值对应的动作。

由于装备体系存在多个随机变量（如探测概率、隐身概率），而每个 Agent 的标识也会影响对抗的结果[①]，因此单次仿真的结果不足以说明问题。为了提高仿真结果的可信度，假设所有的随机变量均匀分布，采用蒙特卡罗仿真技术进行多次仿真以提高仿真结果的置信度。对于 RL 规划过程，将其中的一次仿真称为学习过程的一个周期，当一个回合的作战结束时视为一个学习周期的结束，其学习框架如图 5-7 所示。基于 SDPEQ 的装备体系战役层次指控 Agent 的决策过程如表 5-2 所列。

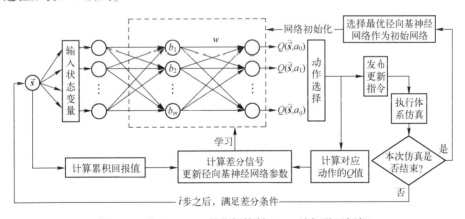

图 5-7　基于 SDPEQ 的指挥控制 Agent 认知学习框架

---

① 不同的标识对应于 Agent 在数据结构中不同的排序，而不同的排序影响 Agent 的目标选择，进而影响对抗的结果。

表 5-2　基于 SDPEQ 的装备体系战役层次指挥控制 Agent 的决策过程

步骤 1　初始化指挥控制 Agent 的径向基神经网络,通过 k-means 聚类设置径向基神经网络的隶属度中心和宽度,设定蒙特卡罗学习周期数 N,令 $k=1$;

步骤 2　开始第 k 个周期的学习,开始作战仿真,$\hat{R}=0,t=0$,差分间隔 $\hat{t}=0,\tilde{s}_t=\tilde{s}_0$;

步骤 3　$t=t+1,\hat{t}=\hat{t}+1$,对每个学习指挥控制 Agent,计算其累积奖赏值 $R=\sum_{i=t-\hat{t}}^{t}\gamma^{i-\hat{t}}r_i$,总累积奖赏 $\hat{R}=\hat{R}+R$,如果 $\|\tilde{s}_t-\tilde{s}_{t-\hat{t}}\|>0\wedge R\leqslant R'$,$R'$ 为学习阈值,则转到步骤 5,否则 $\hat{t}=0,R=0$;

步骤 4　计算 t 时刻对应的径向基神经网络输出,选择最大 Q 值对应的动作 a_t 来更新自己的决策行动 $a_{t-\hat{t}}$,并利用强化信号 $\hat{R}_t+\gamma^{\hat{t}+1}\max_{a_t\in A}Q(\vec{s}_t,a_t)-\sum_{i=1}^{m}b_i(\vec{s}_{t-\hat{t}})w(t-\hat{t})_{i,idx(a_{t-\hat{t}})}$ 更新网络输出权值 $w(t)_{i,idx(a_{t-\hat{t}})}$;

步骤 5　执行决策指令 a_t,转到新的状态 $\tilde{s}_{t+1}$;

步骤 6　如果仿真没有分出胜负或者 t 小于最大仿真步数,返回步骤 3 继续;

步骤 7　对所有学习指挥控制 Agent,以总累积奖赏值作为评判依据,基于遗传算法选择具有最大总累积奖赏值 $\hat{R}$ 的径向基神经网络作为下一个学习周期的初始径向基神经网络;

步骤 8　$k=k+1$,如果 $k>N$ 则结束学习,否则转到步骤 2 继续。

5.4　基于改进强化学习的装备体系指挥控制模型应用

5.4.1　作战想定与参数设置

本章设计的装备体系由通信类、侦察类、打击类、补给类、指挥类以及修复类装备组成,共包括两个层次,以平台级装备作为建模粒度,如图 5-8 所示,其中 CMAgent(Command Agent)代表指挥 Agent,CCAgent(Communication Agent)代表通信 Agent,SCAgent(Scout Agent)代表侦察 Agent,SUAgent(Supply Agent)代表补给 Agent,RPAgent(Repair Agent)代表修复 Agent,ATAgent(Attack Agent)代表攻击 Agent。CCAgent、SCAgent、SUAgent、RPAgent 以及 ATAgent 代表作战 Agent,位于战术层次,CMAgent 位于战役层次,负责对所属作战 Agent 进行指挥。根据仿真需求灵活定义每种类型作战 Agent 的性能指标参数以及数量,可以形成满足特定作战需求的体系对抗系统。

以空地一体化联合对抗为背景,设计红蓝双方的装备体系构成及性能参数均相同,双方分别建立一个编队,每个编队由 10 个地基 SCAgent、10 个空基 SCAgent、10 个地基 ATAgent、10 个空基 ATAgent、10 个地基 CCAgent、5 个地基

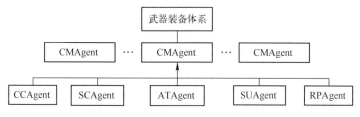

图 5-8　装备体系的组成架构

SUAgent 以及 1 个地基 RPAgent 组成,每个编队由一个 CMAgent 指挥,共有 57 个作战 Agent,仿真系统(包括红蓝双方)共有 114 个作战兵力。指挥人员的认知域如表 5-3 所列,主要包括可获取的态势信息、行动空间以及奖赏信息。

表 5-3　指挥控制 Agent 的认知域描述

可获取的态势信息		行动空间		奖赏信息	
符号	含　义	符号	含　义	符号	含义
N_c^o	友军 CCAgent 的数目	MF	向前移动		
N_{sc}^o	友军 SCAgent 的数目	MTN	选择最近的敌军进攻	KE	杀死敌军数目
N_{su}^o	友军 SUAgent 的数目	MTA	选择敌方 ATAgent 进攻		
N_a^o	友军 ATAgent 的数目	MTS	选择敌方 SCAgent 进攻		
N_c^E	敌军 CCAgent 数目	MTSU	选择敌方 SUAgent 进攻	KO	受伤友军数目
N_{sc}^E	敌军 SCAgent 数目	MTC	选择敌方 CCAgent 进攻		
N_{su}^E	敌军 SUAgent 数目	RE	向敌军力量薄弱方向撤退		
N_a^E	敌军 ATAgent 数目				

　　为了压缩参数空间,也为了使学习成果更具一般性,对用到的学习参数进行无量纲化,对于实验结果至关重要。主要包括状态空间参数的无量纲化以及奖赏参数的无量纲化。状态空间的无量纲化公式为

$$\begin{cases} N_c = \dfrac{N_c^o+\delta}{N_c^o+\delta+N_c^E+\delta} \in (0,1) & N_{sc} = \dfrac{N_{sc}^o+\delta}{N_{sc}^o+\delta+N_{sc}^E+\delta} \in (0,1) \\[4mm] N_{su} = \dfrac{N_{su}^o+\delta}{N_{su}^o+\delta+N_{su}^E+\delta} \in (0,1) & N_a = \dfrac{N_a^o+\delta}{N_a^o+\delta+N_a^E+\delta} \in (0,1) \end{cases} \tag{5-26}$$

式中:δ 为一个极小值,其意义是避免除零。各个特征数据均为连续变量,还需要进行离散化,采用等宽度离散化进行离散:

$$x_1 = \begin{cases} 0.1 & 0<N_c<0.2 \\ 0.3 & 0.2 \leqslant N_c<0.4 \\ 0.5 & 0.4 \leqslant N_c<0.6 \\ 0.7 & 0.6 \leqslant N_c<0.8 \\ 0.9 & 0.8 \leqslant N_c<1 \end{cases} \quad x_2 = \begin{cases} 0.1 & 0<N_{su}<0.2 \\ 0.3 & 0.2 \leqslant N_{su}<0.4 \\ 0.5 & 0.4 \leqslant N_{su}<0.6 \\ 0.7 & 0.6 \leqslant N_{su}<0.8 \\ 0.9 & 0.8 \leqslant N_{su}<1 \end{cases}$$

$$x_3 = \begin{cases} 0.1 & 0<N_{sc}<0.2 \\ 0.3 & 0.2 \leqslant N_{sc}<0.4 \\ 0.5 & 0.4 \leqslant N_{sc}<0.6 \\ 0.7 & 0.6 \leqslant N_{sc}<0.8 \\ 0.9 & 0.8 \leqslant N_{sc}<1 \end{cases} \quad x_4 = \begin{cases} 0.1 & 0<N_a<0.2 \\ 0.3 & 0.2 \leqslant N_a<0.4 \\ 0.5 & 0.4 \leqslant N_a<0.6 \\ 0.7 & 0.6 \leqslant N_a<0.8 \\ 0.9 & 0.8 \leqslant N_a<1 \end{cases}$$

(5-27)

最终指挥控制 Agent 的状态空间 $\vec{s}=(x_1,x_2,x_3,x_4)$，奖赏信息的无量纲化公式为

$$r = \frac{KE+\delta}{KE+\delta+KO+\delta} - 0.5 \in (-0.5, 0.5) \tag{5-28}$$

式中：KE 为杀伤敌军数目；KO 为死亡友军数目；δ 的意义同前。可以看出，当 $r>0$ 时，指挥控制 Agent 得到的是正奖赏，当 $r<0$ 时，指挥控制 Agent 得到的是负奖赏，奖赏的好坏一目了然。通过以上对学习参数的无量纲化处理，使得学习数据更具普遍性，并且限定了范围。实验在一台主频为 2.6GHz、内存为 4G 的 64 位普通台式机上进行，每个周期的最大仿真步长设为 1000，学习率 $\alpha=0.2$，$\delta=0.0001$，$R'=0.1$，$\gamma=1$。

5.4.2　作战仿真结果与分析

1. 隐层节点数影响分析

首先考虑不同模糊等级数对 SDPEQ 算法的影响，进而确定最佳的模糊等级数，设置红方指挥控制 Agent 采用基于规则的决策算法，蓝方指挥控制 Agent 采用 SDPEQ 决策算法，学习周期 $N=100$，即每个仿真用例执行 100 次蒙特卡罗仿真。其中基于规则的决策算法采用 IF-Then 的形式，可以直接根据状态得到要执行的行动，考虑到原状态空间以及行动空间的复杂性，对其进行一定的降维处理，根据专家经验，设置的最优决策规则表如表 5-4 所列，其中

$$E = N_c^E + N_{sc}^E + N_{su}^E + N_a^E \tag{5-29}$$

$$O = N_c^O + N_{sc}^O + N_{su}^O + N_a^O \tag{5-30}$$

表 5-4　基于规则的指挥控制 Agent 决策表

状态	状态说明	行动	行动说明
s_0	$E=O=0$	MF	对应于仿真的开始,需要向前移动接敌
s_1	$E=0,O>0$	MF	敌军为零时可向前移动寻求作战
s_2	$E>0,O=0$	RE	当友军为零而敌军不为零应该撤退
s_3	$E=O>0$	MT	当友军数目与敌军数目相等时进行作战
s_4	$E>O>0$	RE	当敌军数目大于友军数目时应该撤退
s_5	$O>E>0$	MT	当友军数目大于敌军数目时应该进攻

得到的体系对抗结果如图 5-9 所示,为不同模糊等级数对应的 SDPEQ 算法作战效能(由胜率和总奖赏共同评估),其中隐含层节点数目 $m \in \{2,10,20,30,\cdots,610,620\}$($m$ 最小不能低于 2,最大不高于 625 为状态空间大小),胜率 W 由获胜次数除以学习周期计算(当对方兵力完全被消灭或者将一定会被完全消灭时视为获胜),总奖赏 R_A 的计算公式为

$$R_A = \frac{(\text{KBI}-\text{KBE})+\delta}{(\text{KBI}-\text{KBE})+\delta+(\text{KRI}-\text{KRE})+\delta} - 0.5 \qquad (5-31)$$

式中:KBI 为开始时敌军总数;KBE 为周期结束时敌军总数;KRI 为开始时友军总数;KRE 为周期结束时友军总数。由图可知蓝方 W 以及 R_A 要优于红方,当 $m \in \{2,10,20,30,\cdots,200\}$ 时,蓝方占有绝对优势,胜率几乎为 1。但当 $200<m$ 时,双方作战效能差距逐渐减小,这是由于 m 越大,探索阶段的搜索空间越大,SDPEQ 的学习效率越低所致。图 5-10 为总用时随 m 的变化,可以看出随着 m 的增大,总用时总体保持增加的趋势,但当 $m \in \{100,110,\cdots,200\}$ 时出现了一个波峰,是由误差导致的,通过多次仿真取均值或增大最大仿真步长可以有效消除其影响。根据以上的分析,m 在 $\{2,10,20,\cdots,100\}$ 之内选择最佳。

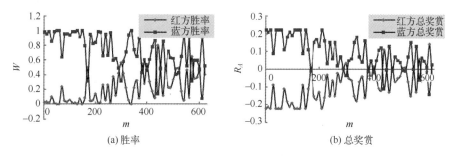

图 5-9　红蓝双方作战效能随模糊等级数的变化

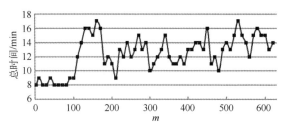

图 5-10　总用时随隐含层节点数目 m 的变化

2. 算法的收敛性分析

选择比较有代表的 $m = 20, 40, 80, 140, 180, 230, 260, 300, 350, 420$ 时的红蓝双方总奖赏数据进行分析以验证 SDPEQ 算法的收敛过程,如图 5-11 所示,其中 $W(R)$ 代表采用红方的胜率,$W(B)$ 代表蓝方胜率,$\overline{R}_A$ 为平均总奖赏,$\overline{R}_A(R)$ 为红方平均总奖赏,$\overline{R}_A(B)$ 为蓝方平均总奖赏。

可以看出在开始时,蓝方的 $\overline{R}_A$ 要低于红方,这是由于开始时基于 SDPEQ 决策的蓝方主要以探索为主,相当于随机决策,决策效能自然要差于红方。但随着学习周期的增加,SDPEQ 的决策效果逐渐提升,尤其是当 $m = 20$ 时,收敛速度极快,作战效能优势更大,W 以及 $\overline{R}_A$ 也远远高于对方,且 R_A 收敛曲线更平稳,表明了 SDPEQ 算法在不确定对抗环境中的自适应进化能力。

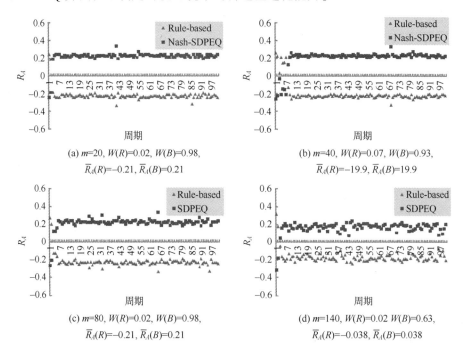

(a) m=20, $W(R)$=0.02, $W(B)$=0.98,
$\overline{R}_A(R)$=−0.21, $\overline{R}_A(B)$=0.21

(b) m=40, $W(R)$=0.07, $W(B)$=0.93,
$\overline{R}_A(R)$=−19.9, $\overline{R}_A(B)$=19.9

(c) m=80, $W(R)$=0.02, $W(B)$=0.98,
$\overline{R}_A(R)$=−0.21, $\overline{R}_A(B)$=0.21

(d) m=140, $W(R)$=0.02 $W(B)$=0.63,
$\overline{R}_A(R)$=−0.038, $\overline{R}_A(B)$=0.038

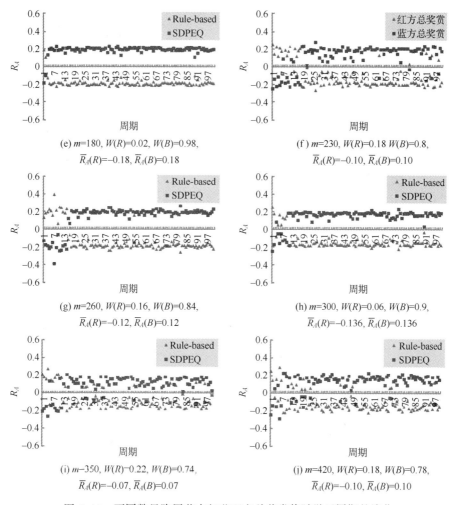

(e) m=180, $W(R)$=0.02, $W(B)$=0.98,
$\overline{R}_A(R)$=−0.18, $\overline{R}_A(B)$=0.18

(f) m=230, $W(R)$=0.18 $W(B)$=0.8,
$\overline{R}_A(R)$=−0.10, $\overline{R}_A(B)$=0.10

(g) m=260, $W(R)$=0.16, $W(B)$=0.84,
$\overline{R}_A(R)$=−0.12, $\overline{R}_A(B)$=0.12

(h) m=300, $W(R)$=0.06, $W(B)$=0.9,
$\overline{R}_A(R)$=−0.136, $\overline{R}_A(B)$=0.136

(i) m−350, $W(R)$−0.22, $W(B)$=0.74,
$\overline{R}_A(R)$=−0.07, $\overline{R}_A(B)$=0.07

(j) m=420, $W(R)$=0.18, $W(B)$=0.78,
$\overline{R}_A(R)$=−0.10, $\overline{R}_A(B)$=0.10

图 5-11　不同数目隐层节点红蓝双方总奖赏值随学习周期的演化

此外,从收敛速度和红蓝双方$\overline{R}_A$之差可以看出,$m=20,40,80,140,180$ 时优于 $m=230,260,300,350,420$ 时,这是由于随着隐层节点的增加,SDPEQ 的探索空间随之扩大,使得学习效率变慢所致,通过提高学习周期可以改善学习效果。SDPEQ 决策算法能够优于 Rule-based 决策算法的原因有两个方面:一方面是由于强化学习特有的自适应能力,能够在对抗的过程中逐步掌握对手的弱点并进行相应的针对;另一方面是由于相比 Rule-based 算法,SDPEQ 能够利用更多的宏观态势信息(4 个维度共 625 种),从而能够形成更充分的态势判断和更细更准确的宏观决策规则。

参 考 文 献

[1]　金欣."深绿"及 AlphaGo 对指挥与控制智能化的启示[J].指挥与控制学报,2016,2(3):202-207.

[2]　Ioerger T R,He L. Modeling command and control in Multi-Agent systems[R]. Texas A&M University,Department of Computer Science,College Station,TX,77843. 2003:2.

[3]　Ibrahim C,Murat M. A multi-agent architecture for modelling and simulation of small military unit combat in asymmetric warfare[J]. Expert Systems with Applications,2010,37:1331-1343.

[4]　Harris W F,Alexander R S. Future force warrior(FFW) small combat unit modeling and simulation[R]. Future Force Warrior Technology Program Office US Army Natick Soldier Center,Natick,MA 01760,2006.

[5]　Ercetin A. Operational-Level naval planning using Agent-based simulation[R]. Naval Post-graduate School,Monterey,CA 93943-5000,USA,2001,3.

[6]　Yang A,Hussein A,Abbass R S. WISDOM-II:a network centric model for warfare[C//International Conference on Knowledge-Based Intelligent Information and Engineering Systems. Springer-Verlag,2005:813-819.

[7]　Gisselquist E D. Artificially intelligent air combat simulation agents[D]. Montgomerie:Air Force University of Technology Air University,Maxwell,USA,1994

[8]　Hipwell D P. Developing realistic cooperative behaviors for semi-autonomous agents in air combat simulation[D]. The Graduate School of Engineering of the Air Force Air Institute of Technology University,Maxwell,1993.

[9]　Yang A,Hussein A A,Ruhul S. Land combat scenario planning:A multiobjective approach[J]. SEAL 2006,LNCS 4247:837-844.

[10]　Barlow M,Easton A. CROCADILE-an open,extensible Agent-based distillation engine[J]. Information & Security,2002,8(1):17-51.

[11]　李志强.基于复杂系统理论的信息化战争建模仿真研究[D].长沙:国防大学,2006.

[12]　郭超,熊伟.基于多 Agent 系统的分队对抗建模仿真[J].指挥控制与仿真,2014,36(2):75-79.

[13]　尹全军.基于多 Agent 的计算机生成兵力建模与仿真[D].长沙:国防科学技术大学研究生院,2005.

[14]　David J,Robinson B S. A component based approach to agent specification[D]. Presented to the faculty of the Graduate School of Engineering&Management of the Air Force Institute of Technology,Maxwell,USA,2000,3.

[15]　李云芳.战场环境下基于 HLA 的 BDI Agent 仿真研究与实现[D].南京:南京航空航天大学,2012

[16]　Hennings F C. Designing realistic human behavior into multi agent systems[R]. Naval Postgraduate School. California. 2001,9.

[17]　Tsvetovat M,Latek M. Dynamics of agent organizations:application to modeling lrregular warfare[C]// Multi-Agent-Based Simulation IX,International Workshop,MABS 2008,Berlin:Springer,2008:60-70.

[18]　杨克魏.半自治作战 agent 模型及其应用研究[D].长沙:国防科学技术大学,2004.

[19]　Slimane D,Laurent L. A model for the evolution of reinforcement learning in fuctuating games[J]. Animal Behaviour,2015(104):87-114.

[20]　Robert J,Franziska K. Generating inspiration for agent design by reinforcement learning[J]. Information

and Software Technology,2012,54:639-649.

[21] Jaedeug C,Kim K E. Hierarchical bayesian inverse reinforcement learning[J]. IEEE Transactions on Cybernetics,2015,45(4):793-805.

[22] Sutton R S. Learning to predict by the methods of temporal differences[J]. Machine Learning,1988,3(1):9-44.

[23] Rummery G,Niranjan M,On-line q-learning using connectionist systems[R],Technical Report CUED/F-INFENG/TR 166,Cambridge University Engineering Department,1994.

[24] Watkins J C H,Dayan E. Q-learning[J]. Machine Learning,1992,8:279-292.

[25] Brys Tim,Harutyunyan Anna,Vrancx Peter,et al. Multi-objectivization of reinforcement learning problems by reward shaping[C]//2014 International Joint Conference on Neural Networks (IJCNN), 2014, Beijing,China.

[26] Wu Feng,Zilberstein S,Chen Xiaoping. Online planning for multi-agent systems with bounded communication[J]. Artificial Intelligence,2011(175):487-511.

[27] 常晓军. 基于联合强化学习的 RoboCup-2D 传球策略[J]. 计算机工程与应用,2011,47(23):212-219.

[28] Yu L,Issahaku Abdulai I. A multi-Agent reinforcement learning with weighted experience sharing[C]//ICIC 2011,LNAI 6839,Berlin Springer,219-225,2012.

[29] 杨克巍,张少丁,岑凯辉,等. 基于半自治 agent 的 profit-sharing 增强学习方法研究[J]. 计算机工程与应用,2007,43(15):72-95.

[30] 杨萍,毕义明,刘卫东. 基于模糊马尔科夫理论的机动智能体决策模型[J]. 系统工程与电子技术,2008,30(3):511-514.

[31] 马耀飞,龚光红,彭晓源. 基于强化学习的航空兵认知行为模型[J]. 北京航空航天大学学报,2010,36(4):379-383.

[32] 徐安,寇英信,于雷,等. 基于 RBF 神经网络的 Q 学习飞行器隐蔽接敌策略[J]. 系统工程与电子技术,2012,34(1):97-101.

[33] Toubman A,Roessingh J J,Spronck P,et al. Dynamic scripting with team coordination in air combat simulation[M]//Modern Advances in Applied Intelligence. Springer International Publishing, New York, 2014:440-449.

第6章 基于博弈论的装备体系多 Agent 仿真评估

6.1 引言

本章将介绍装备体系多 Agent 仿真在装备体系评估中的应用。通常来说，装备体系的作战效能是内部实体强涌现的结果，强涌现性是指不可约简的涌现性，这种涌现性无法通过数学推导直接获取，而是要通过放置一个抽象的"观察者"观察得到，即通过作战仿真的方法实现[1]，鉴于此，作战仿真方法成为发展最快、应用最多的体系论证评估方法。

装备体系的作战效能由装备体系、作战环境以及作战运用组成。然而，传统的作战运用过程会融入各种不确定性因素，包括非理性因素、主观性、有限理性等[2,3,4]，导致装备体系效能评估结果不够客观、真实。为此，本章将介绍一种博弈视角下的装备体系仿真评估思路，就是要利用博弈论理性的决策特点，利用博弈论对装备体系的作战运用进行指导，实现指挥控制 Agent 理性的认知决策，避免指挥过程由于融入过多的主观因素而影响针对体系的客观评价，如图 6-1 所示。

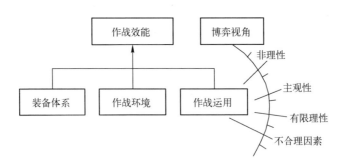

图 6-1 基于博弈论的作战仿真效能聚合概念

6.2　装备体系仿真中的不确定性

6.2.1　不确定性交互

1. 三角模糊数的相关概念

模糊数学由美国加利福尼亚大学扎德教授 1965 年提出,它是一种十分有效的不确定性信息处理技术。模糊是指事物的属性所呈现出的"亦此亦彼"的特性,是一种客观存在的现象,大量存在于装备体系的组成范畴中,为此,针对装备体系的作战仿真研究也就有必要考虑这种不确定性的客观现象。在不确定性信息约束下,采用模糊理论对装备体系作战仿真模型进行多粒度建模,基本原则是依据模糊运算关系等相关理论。下面首先给出模糊集的基本定义。

定义 6-1(模糊集-Fuzzy Set):设 $\widetilde{A}$ 是论域 X 到 $[0,1]$ 的一个映射,即 $\widetilde{A}(x)$ $\rightarrow[0,1]$,$x \in X$,称 $\widetilde{A}$ 是论域 X 上的模糊集,函数 $\widetilde{A}(g)$ 称为模糊集 $\widetilde{A}$ 的隶属度函数,$\widetilde{A}(x)$ 为 x 在模糊集 $\widetilde{A}$ 上的隶属度。

基于模糊集的不确定性信息表达关键是隶属度函数的确定,通常,不同的情境可选择不同的隶属度函数,如偏大型隶属度函数、偏小型隶属度函数、梯形隶属度函数、三角隶属度函数等。考虑到三角隶属度函数的直观性和简洁性,这里采用三角隶属度函数,下面给出其定义。

定义 6-2(三角模糊数):若论域 X 上的模糊集 $\widetilde{A}$ 的隶属度函数为

$$\widetilde{A}(x) = \begin{cases} 0, x \leqslant b_1 \\ \dfrac{x-b_1}{b_m-b_1}, b_1 < x \leqslant b_m \\ \dfrac{b_r-x}{b_r-b_m}, b_m \leqslant x < b_r \\ 0, b_r \leqslant x \end{cases} \tag{6-1}$$

则称 $\widetilde{A}=(b_1,b_m,b_r)$ 为三角模糊数。特别地,任意一个实数可以表示为 $k=(k,k,k)$,基于此可实现三角模糊数与实数之间的运算。对于任意的两个三角模糊数 $\widetilde{a}=(a_1,a_m,a_r)$,$\widetilde{b}=(b_1,b_m,b_r)$,根据扩展原理[5],有

$$\begin{cases} k\widetilde{b}=k(b_1,b_m,b_r)=(kb_1,kb_m,kb_r) \\ \widetilde{a} \ominus \widetilde{b}=(a_1,a_m,a_r)\ominus(b_1,b_m,b_r)=(a_1-b_r,a_m-b_m,a_r-b_1) \\ \widetilde{a} \oplus \widetilde{b}=(a_1,a_m,a_r)\oplus(b_1,b_m,b_r)=(a_1+b_1,a_m+b_m,a_r+b_r) \\ \widetilde{a} \otimes \widetilde{b}=(a_1,a_m,a_r)\otimes(b_1,b_m,b_r)=(a_1b_1,a_mb_m,a_rb_r) \end{cases} \tag{6-2}$$

符号"$\ominus$""$\oplus$""$\widetilde{\otimes}$"分别代表模糊数的减法、加法与乘法运算。此外,为了进行三角模糊数的比较,下面给出其定义。

定义 6-3:对于任意两个三角模糊数$\widetilde{a}=(a_1,a_m,a_r)$、$\widetilde{b}=(b_1,b_m,b_r)$,定义$\widetilde{a}$大于$\widetilde{b}$的程度为

$$
\text{Psub}(\widetilde{a}>\widetilde{b})=\begin{cases}1,a_1-b_r\geqslant 0\\[2mm]\dfrac{\displaystyle\int_{x>0}\widetilde{A}(\widetilde{a}\ominus\widetilde{b})\,\mathrm{d}x}{\displaystyle\int_{x>0}\widetilde{A}(\widetilde{a}\ominus\widetilde{b})\,\mathrm{d}x+\int_{x<0}\widetilde{A}(\widetilde{a}\ominus\widetilde{b})\,\mathrm{d}x},\quad a_1-b_r<0\wedge a_r-b_1>0\\[2mm]0,a_r-b_1\leqslant 0\end{cases}
$$

$$(6-3)$$

容易证明 $0\leqslant\text{Psub}(\widetilde{a}>\widetilde{b})\leqslant 1$。当 $\widetilde{a}$、$\widetilde{b}$ 为实数且当 $\widetilde{a}>\widetilde{b}$ 时,$\text{Psub}(\widetilde{a}>\widetilde{b})=1$;当 $\widetilde{a}=\widetilde{b}$ 时,$\text{Psub}(\widetilde{a}>\widetilde{b})=0.5$,当 $\widetilde{a}<\widetilde{b}$ 时,$\text{Psub}(\widetilde{a}>\widetilde{b})=0$。在模糊数的运算法则基础上,下面给出不同类型交战行为的模糊评判法则。

2. 不同类型交战行为的模糊评判

本章设计的装备体系组成架构参见 5.4 节。装备体系作战仿真涉及的基本交战行为包括通信、侦察、打击、维修、补给等,下面对各种不同类型交战行为的模糊交互规则进行说明。

1) 通信行为

对于通信行为,设通信范围的三角模糊数(不确定性信息的表达有多种方式,这里采用三角模糊数)表示为

$$\widetilde{C}=(C_1,C_m,C_r)\qquad(6-4)$$

对于任意的两个 Agenti,j,设其距离为 $\text{Dis}(\text{Agent}_i,\text{Agent}_j)$,当满足

$$\text{Dis}(\text{Agent}_i,\text{Agent}_j)<C_{mm}\qquad(6-5)$$

或者

$$\text{Psub}(\widetilde{C}_{\text{CCAgent}_j}>\text{Dis}(\text{Agent}_i,\text{CCAgent}_j))\geqslant 0.5\wedge$$
$$\text{Psub}(\widetilde{C}_{\text{CCAgent}_k}>\text{Dis}(\text{Agent}_i,\text{CCAgent}_k))\geqslant 0.5\qquad(6-6)$$

时,两者之间能够通信,C_{mm} 为规定的最小通信距离,CCAgent_j 和 CCAgent_k 为任意的 CCAgent,$\widetilde{C}_{\text{CCAgent}}$ 表示该 CCAgent 的通信范围。

2) 侦察行为

对于侦察行为,以及任意的 SCAgent 与目标 Agent,设 SCAgent 的侦察距离为

$$\widetilde{S}=(S_1,S_m,S_r)\qquad(6-7)$$

侦察概率为 p,则 SCAgent 能够侦察到另一个 Agent 的条件为

$$\text{Psub}(\widetilde{S}_{\text{SCAgent}}>\text{Dis}(\text{SCAgent},\text{Agent}))>0.5 \wedge P_{\text{SCAgent}}>h_{\text{pAgent}} \tag{6-8}$$

式中:h_{pAgent} 为 Agent 的隐身概率。

3) 打击行为

对于打击行为,以及任意的 ATAgent 和目标 Agent,设 ATAgent 的射击范围为三角模糊数

$$\widetilde{a}_{\text{r}}=(a_{\text{rl}},a_{\text{rm}},a_{\text{rr}}) \tag{6-9}$$

杀伤能力为三角模糊数

$$\widetilde{a}_{\text{k}}=(a_{\text{kl}},a_{\text{km}},a_{\text{kr}}) \tag{6-10}$$

命中概率为 a_{p},则 ATAgent 能够对目标造成损伤的条件为

$$\text{Psub}(\widetilde{a}_{\text{r}}>\text{Dis}(\text{Agent},\text{HitLocation}))\geqslant0.5 \tag{6-11}$$

式中:HitLocation 为炮弹着陆点,目标的健康值更新为

$$\widetilde{h}_{a}=h_{a}\ominus a_{\text{p}}\times\widetilde{a}_{\text{k}}=(h_{a_{\text{l}}'},h_{a_{\text{m}}'},h_{a_{\text{r}}'}) \tag{6-12}$$

即健康值变为三角模糊数值,当 $h_{a_{\text{r}}'}\leqslant0$ 时,判定 Agent 死亡。

4) 维修行为

对于维修行为,以及任意的 RPAgent 和待维修 Agent,两者能够执行维修行为的判断条件为满足

$$\text{Psub}(\widetilde{r}_{\text{l}}>\text{Dis}(\text{RPAgent},\text{Agent}))\geqslant0.5 \tag{6-13}$$

式中:$\widetilde{r}_{\text{l}}=(r_{\text{ll}},r_{\text{lm}},r_{\text{lr}})$ 为维修范围,维修后的 Agent 健康值更新为

$$\widetilde{h}_{a}=\widetilde{h}_{a}\oplus\widetilde{r}_{\text{r}} \tag{6-14}$$

式中:$\widetilde{r}_{\text{r}}$ 为维修速率的三角模糊数。

5) 补给行为

对于补给行为,以及任意的 SUAgent 和待补给 Agent,两者能执行补给行为的判断条件为满足

$$\text{Psub}(\widetilde{s}_{\text{l}}>\text{Dis}(\text{SUAgent},\text{Agent}))\geqslant0.5 \wedge s_{\text{v}}>0 \tag{6-15}$$

式中:$\widetilde{s}_{\text{l}}=(s_{\text{ll}},s_{\text{lm}},s_{\text{lr}})$ 为 SUAgent 的补给距离,补给后的 Agent 弹药值更新为

$$\widetilde{a}_{\text{m}}=a_{\text{m}}\oplus\widetilde{s}_{\text{r}} \tag{6-16}$$

式中:$\widetilde{a}_{\text{m}}=(a_{\text{ml}},a_{\text{mm}},a_{\text{mr}})$ 为 ATAgent 弹药量的三角模糊数,它由补给行为模糊化;$\widetilde{s}_{\text{r}}$ 为 SUAgent 的补给速率的三角模糊数。当 $a_{\text{mr}}\leqslant0$ 时,$\widetilde{a}_{\text{m}}=0$。

6.2.2　模糊收益计算

设计同一阵营的联合收益值计算公式为

$$R=\gamma(K_{\text{B}}-E_{\text{B}})-\rho(K_{\text{R}}-E_{\text{R}}) \tag{6-17}$$

式中:γ 为杀伤值所占权重;ρ 为死亡值所占权重;K_{B} 为敌军初始时兵力;E_{B} 为仿真结束时敌方剩余兵力;K_{R} 为友军初始时兵力;E_{R} 为仿真结束时友军剩余兵

力。如果 $\gamma = \rho$,则杀伤增益等于死亡增益,双方受益与奖赏值之和为零,此时为零和博弈,否则为非零和博弈,这里考虑更具一般性的非零和博弈,设置 $\gamma > \rho$。

　　然而,在 6.2.1 节的不确定性装备体系交战行为建模过程中分析了不同类型作战 Agent 的模糊交战行为,可知作战 Agent 的健康值是一个模糊值 $\tilde{h}_a = (h_{al}, h_{am}, h_{ar})$,因此在作战仿真结束时,双方阵营的剩余兵力数目 E_R 和 E_B 为一个模糊值 $\tilde{E}_R = (E_{Rl}, E_{Rm}, E_{Rr}), \tilde{E}_B = (E_{Bl}, E_{Bm}, E_{Br})$,其均为三角模糊数,相应的联合收益值演化为模糊收益值:

$$\tilde{R} = \gamma(K_B \Theta \tilde{E}_B) \Theta \rho(K_R \Theta \tilde{E}_R) \tag{6-18}$$

　　问题是应该如何确定 $\tilde{R}$ 值并对 $\tilde{R}$ 去模糊化。设仿真结束时某个阵营的剩余 Agent 集合为

$$U_{SoS} = \{Agt_1, Agt_2, \cdots, Agt_n\} \tag{6-19}$$

式中:Agt_i 为第 i 个 Agent,可知 E_R 满足

$$\sum_{i=1}^{n} SWeight(\tilde{h}_a(Agt_i)) \leqslant E_R \leqslant \sum_{i=1}^{n} LWeight(\tilde{h}_a(Agt_i)) \tag{6-20}$$

式中:$\tilde{h}_a(Agt_i)$ 为 Agt_i 的模糊生命值;$SWeight(g):\tilde{a} \rightarrow \{0,1\}$ 满足

$$SWeight(\tilde{a}) = \begin{cases} 0, & a_l \leqslant 0 \\ 1, & a_l > 0 \end{cases} \tag{6-21}$$

　　SWeight 函数意义是对 Agent 是否死亡的最悲观估计,同理 $LWeight(g):\tilde{a} \rightarrow \{0,1\}$ 是对 Agent 是否死亡的最乐观估计,满足

$$LWeight(\tilde{a}) = \begin{cases} 0, & a_r \leqslant 0 \\ 1, & a_r > 0 \end{cases} \tag{6-22}$$

　　令

$$E_{Rl} = \sum_{i=1}^{n} SWeight(\tilde{h}_a(Agt_i)) \tag{6-23}$$

$$E_{Rr} = \sum_{i=1}^{n} LWeight(\tilde{h}_a(Agt_i)) \tag{6-24}$$

此外,为确立 E_{Rm} 的值,首先定义一个映射 $MWeight(g):\tilde{a} \rightarrow \{0,1\}$ 满足

$$MWeight(\tilde{a}) = \begin{cases} 1, & Psub(\tilde{a}>0) \geqslant 0.5 \\ 0, & Psub(\tilde{a}>0) < 0.5 \end{cases} \tag{6-25}$$

仿照 E_{Rl} 与 E_{Rr} 的定义,令

$$E_{Rm} = \sum_{i=1}^{n} MWeight(\tilde{h}_a(Agt_i)) \tag{6-26}$$

综上,E_R 的模糊值为

$$\widetilde{E}_{\mathrm{R}} = \Big(\sum_{i=1}^{n} \mathrm{SWeight}(\widetilde{h}_a(\mathrm{Agt}_i)), \sum_{i=1}^{n} \mathrm{MWeight}(\widetilde{h}_a(\mathrm{Agt}_i)),$$
$$\sum_{i=1}^{n} \mathrm{LWeight}(\widetilde{h}_a(\mathrm{Agt}_i)) \Big) \qquad (6\text{-}27)$$

E_{B} 的模糊值定义同 E_{R}:

$$\widetilde{E}_{\mathrm{B}} = \Big(\sum_{i=1}^{n} \mathrm{SWeight}(\widetilde{h}_a(\mathrm{Agt}_i)), \sum_{i=1}^{n} \mathrm{MWeight}(\widetilde{h}_a(\mathrm{Agt}_i)),$$
$$\sum_{i=1}^{n} \mathrm{LWeight}(\widetilde{h}_a(\mathrm{Agt}_i)) \Big) \qquad (6\text{-}28)$$

式中:Agt_i 为蓝方阵营仿真结束时的兵力。将式(6-27)与式(6-28)代入式(6-18)即可得到仿真结束时的红蓝双方模糊收益。

6.3 博弈论在作战仿真中的应用

博弈论是应用数学方法研究决策主体直接相互作用时的理性决策以及这种决策的均衡的一门学问。博弈论最早起源于著名的囚徒困境[6],并已经发展应用了达一个世纪之久。目前,博弈论已经是经济学的一种重要研究方法,已得到越来越多的关注和发展,并广泛应用于除经济学以外的政治、管理学、生物学、计算机科学、军事[7]等领域。由于博弈论与作战仿真系统在一定程度上具有相同的内涵外延,同时又能与 MAS 建模仿真技术很好地结合,许多学者采用博弈论对战争系统进行了建模研究。根据这些博弈问题类型,博弈论在作战仿真中的应用可基本分为静态博弈模型应用以及动态博弈模型应用研究两大类。

6.3.1 静态博弈模型应用

当前,博弈论在军事领域的应用主要集中于战术层次,基于双人静态零和博弈面向单个作战主体进行简单战术行为的预测分析。早在 20 世纪五六十年代,美国著名军事战略研究机构兰德公司的 Berkovitz 学者就基于两人零和博弈论对空战进攻、防御、保障等不同作战任务的作战力量分配问题进行了研究,重点研究了混合策略的求解,然而,作者也同时对博弈论是否能够有效解决军事决策中的组合爆炸、随机性以及非连续性问题提出了质疑[8,9]。

文献[10]提出借鉴博弈论的理性决策特点考虑空战中决策者的行为选择的思想,并与实际的空战结果进行了对比,验证了这一思想的合理性和真实性,然而 Poropudas 考虑的战争情景比较简单,属于一对一空战情形,对于更复杂的体系对抗情形战役层次策略选择问题则更有待探索。

针对军事对抗决策问题的人因复杂性,文献[11]提出采用博弈网对军事对抗过程中指挥员的随机性、有限理性博弈进行建模研究的思路,将军事对抗决策过程等价为某个局中人作为决策者的单方博弈网实现了超博弈模型的建立、修正和求解,并对经典博弈网模型进行了扩展,提出了扩展博弈网,使其能够面向更加一般性问题的军事对抗决策的建模与应用,对于博弈论在军事领域中的应用具有重要的启示。

此外,文献[12]利用博弈论构建了导弹阵地攻防技术的数学模型,研究了有反导防御系统的弹道导弹阵地攻防对策技术。文献[13]针对无人机超视距空战的火力分配问题进行了研究,基于超视距空战的态势优势函数、效能优势函数建立了多无人机超视距空战支付矩阵,并基于量子粒子群算法进行了纳什(Nash)均衡的求解,为解决超视距无人机空战的策略分配问题提供了一种合理可行的思路。文献[14]针对多无人机空战态势信息存在的模糊性问题,建立了模糊信息下敌我双方攻防对抗的模糊支付博弈模型,通过将多阶段的动态策略选择转化为静态策略式博弈,实现了简单动态博弈模型的静态求解。然而这些研究缺乏与实际对抗过程的结合,少数利用仿真法模拟实际的对抗过程也比较简单,而如何针对体系对抗情形的博弈策略求解目前还存在空白。

6.3.2　动态博弈模型应用

针对军事对抗的多阶段动态特性,许多学者采用动态博弈模型对多阶段作战过程进行了建模研究,通常将军事领域的冲突博弈序列称为序贯博弈[15],主要包括微分博弈模型、影响图模型以及蒙特卡罗搜索算法等。由于许多动态博弈模型具有时间相关特性,因此如果能够建立各个局中人随时间变化的策略函数以及支付函数,构成具有约束条件的微分方程组,并根据纳什均衡的定义通过微分方程组的求解得到各个局中人随时间演变的策略并达到纳什均衡,即为微分博弈。由于能够考虑时间动态,微分博弈成为动态作战博弈模型的重要求解方法,Kawara 采用博弈论对军事行动中的兵力分配问题进行了建模研究,并基于微分博弈方法对模型进行了求解,有效刻画了双方收益值随作战进程的动态变化过程,然而,由于微分博弈求解是建立在静态博弈模型的基础之上,其本质上还是对静态博弈的求解,只不过刻画了博弈双方的策略实现路径,因此模型难以反映实际的真实作战情景,但是对于作战机理的认识具有一定的借鉴意义[16]。

影响图是 Howard 等于 20 世纪 70 年代末提出,在 80 年代发展成熟的一种决策分析的图示表征求解方法,是表示决策问题中决策不确定性和随机性的图形工具,定义为由节点集以及弧集组成的有向无环图,被许多学者用于不确定动态作战过程的建模研究。Virtanen 首次基于影响图和对策论理论对一对一空战飞行员在不确定情况下连续空战机动决策问题进行了求解,考虑了飞机动力学特性以及飞行员的偏好,通过移动平均控制法得到模型的连续纳什均衡求解,进而得到了飞行员的连续控制决策变量以及相应的期望赢得[17]。之后,为了解决不确定环境下空战机动决策问题,文献[18]将影响图和对策论引入到多机协同空战中,提出了协同影响图对策模型,通过将多对多空战模型依据协同思想转化为一对一模型,实现了不确定环境下的多对多空战问题求解。针对更一般性的作战计划的对抗性以及不确定性,文献[19]提出了一种基于影响网络与不完全信息多阶段博弈的作战行动序列(Course of Action,COA)优化模型,通过将不完全信息动态博弈转化为海萨尼标准形式,实现了双方策略行为的纳什均衡求解。此外,文献[20]使用时序影响网络,建立了基于时序影响网络与动态博弈的作战行动执行时间的优化模型,作者的求解方法是通过将动态多阶段博弈问题转化为标准静态单回合矩阵对策进行了求解。需要说明的是,这些模型求解的前提条件是博弈双方具有明确的行动序列,并且遵循一定的执行顺序和方式,可划分为多个连续的一般静态博弈,而如何将博弈论用于完全无序的体系对抗过程则是目前需要重点关注的问题。

蒙特卡罗搜索求解动态博弈模型的基本原理是基于随机抽样的手段,产生大量的行为序列,然后通过实际行为序列的执行检验策略执行的结果,最后选择具有最大赢得的行动序列作为博弈双方的纳什均衡。文献[21]将作战 Agent 内在的并发行动特性转化为有先后次序的博弈树进行了蒙特卡罗搜索求解,并假设其中一个 Agent 的行动有一定的延迟(后行动方)。为了减少这种先后次序的影响,Kovarsky 对先后次序进行了蒙特卡罗随机处理,并基于随机 Alpha-Beta 剪枝搜索算法对博弈树进行了求解,表明了蒙特卡罗技术求解动态博弈的可行性。由于动态博弈模型的求解是建立在连续静态博弈模型的求解基础之上,因此动态博弈模型的研究最终都离不开对静态博弈模型的研究,例如,如何对大规模博弈进行有效求解等,是一直制约博弈论广泛应用的重要难点。

鉴于博弈论特有的理性决策特点,采用博弈论对装备体系作战仿真评估能够避免传统评估方法理性以及客观性不足的问题,同时提高评估结果的指导价值。然而,战争系统充满了不确定性和未知性,尤其是装备体系,作为一个典型的 CGS 和 CAS,具有更高的复杂性,使得基于博弈论的战争复杂系统建模仿真研究还远未达到成熟的地步,尚有一系列问题瓶颈亟待解决。例如,如何将博弈论用于战役层次指挥人员的决策制定问题? 如何将博弈论与体系对抗过程结合起来? 如何基于博弈论进行装备体系的效能评估研究? 如何基于非零和博弈对战争复杂系统进行建模研究? 如何将双人作战博弈扩展到多人作战博弈等? 如何实现具有更高复杂度的多人非合作作战博弈的快速有效求解？下面将在上述问题的指引之下，建立一种基于博弈论的仿真评估模型。

6.4　基于博弈论的多 Agent 仿真评估模型

6.4.1　基于博弈论的评估视角概述

作为研究决策主体直接相互作用时的理性决策以及这种决策的均衡的一门学问，博弈论最大的特点是能够通过纳什均衡的求解排除非理性因素的影响，给出理性的决策行为用于指导局中人的策略选择，同时能够给出每个参与人在达到纳什均衡时的各自收益。装备体系仿真评估博弈视角的出发点正是利用了博弈论能够给出均衡策略以及策略对应收益的这个优势，实现装备体系客观评估的目标。

在装备体系体系对抗中，如果将每个 CMAgent 视为一个局中人，将每个 CMAgent 的收益视为局中人的收益，则可将装备体系体系对抗作为多人博弈进行研究，如图 6-2 所示，包括敌我双方的非合作博弈以及同阵营指挥控制 Agent 之间的合作博弈，由顶层策略分配模块统一为各个局中人顺序分配所有可能的联合策略 $\boldsymbol{a}=[a_1,a_2,\cdots,a_I]$，$a_i \in A_i$，并通过实际的对抗仿真得到最终的联合策略对应的奖赏值 $u(\boldsymbol{a})$。

在进行博弈模型的求解时，由于同阵营 CMAgent 具有相同的收益值，因此可将多人博弈转化为双人矩阵博弈进行求解，将算出的纳什均衡的收益值作为对抗双方的效能值，而纳什均衡作为对抗双方战役层次各个指挥人员的最佳策略，则博弈视角下的装备体系仿真评估方法，不仅能够给出对抗体系的作战效能，而且能够给出相应的最佳策略，最佳策略不仅能够指导实际对抗中的指挥员策略选择，还可以据此实现体系制胜机理挖掘、短板剖析的目的，这是传统的体系评估方法没有的优点。

博弈视角中的视角实际上指的是装备体系的顶层视角，研究的策略可以类比为战前准备，而不去关注具体的作战细节。另外，这里的策略不仅仅限于对抗阶段的策略（NoCommand、AttackSC、AttackSU 等），也可以包括队形选择、武器装备选择等其他宏观策略。此外，因为是仿真评估而非实际的作战过程，体系的宏观策略是可以为评估人员所掌握并进行任意的设定的，其关键目的是要知道怎样设定这些宏观策略可以发挥出体系效能最大值，即体系的真实能力。

然而，体系评估的另一种复杂性在于面对不同的体系对抗组合，能够表现出的体系效能是不同的，并且最优的策略也是不同的，也就是针对不同的体系应该有不同的应对方案，而这恰恰也是博弈论的优势所在。

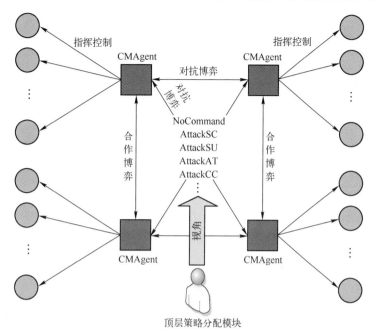

图 6-2 装备体系体系对抗多人博弈仿真视角

6.4.2 联合策略的排列组合遍历

假设红方编队数目为 c_R 个,蓝方编队数目为 c_B 个,红方第 i 个编队的可选策略数目为 m_i^R,蓝方第 i 个编队的可选策略数目为 m_i^B,则问题是基于排列组合的联合策略分配算法需要为每个 CMAgent 算出在第 t 次仿真中应该选择的策略编号。图 6-3 所示为 $c_R = c_B = 2$, $m_1^R = m_1^B = 3$, $m_2^R = m_2^B = 4$ 时前四次仿真的联合策略遍历过程示例,设策略编号从 0 开始。

根据以上假设,可算得总的联合策略数目 N_a 为

$$N_a = \Big(\prod_{i=1}^{c_R} m_i^R\Big) \times \Big(\prod_{i=1}^{c_B} m_i^B\Big) \tag{6-29}$$

N_a 的大小等于所有策略的排列组合数,因此可以按照排列组合的顺序循环地安排每个 CMAgent 应该选择的策略,循环周期即为 N_a,因此当仿真次数为 t 时,$t \in N$,选择的是联合策略集合中的第 $n_t = t \% N_a$ 个,$\%$ 表示余数,则策略分配模块只需要确定第 n_t 个联合策略对应各个 CMAgent 的第几个策略。按照图 6-3 中策略分配的顺序,可以看出策略的选择应该按照从红方第 c_R 个编队开始至第 1 个编队,然后再从蓝方第 c_B 个编队开始至第 1 个编队的顺序进行选择,其选择规律为

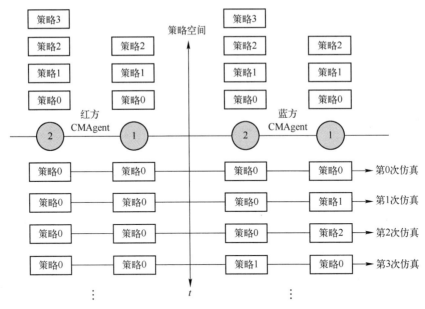

图 6-3　基于排列组合的 CMAgent 联合策略遍历过程

$$\begin{cases} n_i^{\mathrm{R}} = \mathrm{INT}\Big[n_t(i) \Big/ \Big(\prod_{k=1}^{i-1} m_k^{\mathrm{R}} \times \prod_{k=1}^{C_{\mathrm{B}}} m_k^{\mathrm{B}} \Big) \Big] \\ n_t(i-1) = n_t(i) \% \Big(\prod_{k=1}^{i-1} m_k^{\mathrm{R}} \times \prod_{k=1}^{C_{\mathrm{B}}} m_k^{\mathrm{B}} \Big) \end{cases}, \quad i = 1, 2, \cdots, c_{\mathrm{R}} \quad (6\text{-}30)$$

其中

$$n_{C_{\mathrm{R}}}^{\mathrm{R}} = \mathrm{INT}\Big[n_t \Big/ \Big(\prod_{k=1}^{C_{\mathrm{R}}-1} m_k^{\mathrm{R}} \times \prod_{k=1}^{C_{\mathrm{B}}} m_k^{\mathrm{B}} \Big) \Big] \quad (6\text{-}31)$$

$$n_t(C_{\mathrm{R}} - 1) = n_t \% \Big(\prod_{k=1}^{C_{\mathrm{R}}-1} m_k^{\mathrm{R}} \times \prod_{k=1}^{C_{\mathrm{B}}} m_k^{\mathrm{B}} \Big) \quad (6\text{-}32)$$

式(6-30)中：INT( )为取整函数；n_i^{R} 为红方第 i 个编队的策略选择序号，蓝方策略选择序号的确定方法为

$$\begin{cases} n_i^{\mathrm{B}} = \mathrm{INT}\Big[n_t(i-c_{\mathrm{B}}) \Big/ \Big(\prod_{k=1}^{i-1} m_k^{\mathrm{B}} \Big) \Big] \\ n_t(i-c_{\mathrm{B}}-1) = n_t(i-c_{\mathrm{B}}) \% \Big(\prod_{k=1}^{i-1} m_k^{\mathrm{B}} \Big) \end{cases}, \quad i = 1, 2, \cdots, c_{\mathrm{B}} \quad (6\text{-}33)$$

则可以根据式(6-33)很容易地确定第 t 次仿真时，红蓝双方编队策略选择

的序号,从而实现按排列组合顺序遍历所有联合策略的目的。在确定了联合策略的构建方法后,即可对不同策略的收益值进行计算,可采用均值计算方法,即第 t 次对抗局中人 i 的收益值通过下式进行迭代求解:

$$u_i^t(a,a \in A_i) = \begin{cases} u_i^{t-1}(a), & a \notin \boldsymbol{a}_t \\ u_i^t(\boldsymbol{a}_t), & a \in \boldsymbol{a}_t \wedge u_i^{t-1}(a) = \text{Null} \\ [u_i^{t-1}(a) + u_i^t(\boldsymbol{a}_t)]/2, & a \in \boldsymbol{a}_t \wedge u_i^{t-1}(a) \neq \text{Null} \end{cases} \tag{6-34}$$

由于同阵营 CMAgent 共享体系对抗收益,因此可设同阵营 CMAgent 的收益相等,即

$$u_i^t(\boldsymbol{a}_t) = R_{\text{Red}}, \quad i \in \text{Red} \tag{6-35}$$

$$u_i^t(\boldsymbol{a}_t) = R_{\text{Blue}}, \quad i \in \text{Blue} \tag{6-36}$$

假设每个联合策略 $\boldsymbol{a}$ 能够要求最小迭代次数为 k 次,则若要使所有的联合策略都能够选择 k 次,基于排列组合的仿真学习周期 T 应该满足

$$T \geqslant k \times N_a = k \times \left(\prod_{i=1}^{c_R} m_i^R\right) \times \left(\prod_{i=1}^{c_B} m_i^B\right) \tag{6-37}$$

6.4.3　基于可信期望的博弈清晰化

1. 模糊数的期望值估计方法

模糊数的比较是进行模糊理论应用的前提,在 6.2.1 节给出了一种模糊数比较方法,但是该方法在进行大小博弈模型的计算时面临较高的计算复杂度。而模糊数期望是进行模糊数排序与比较的一种有效方法,为此下面采用模糊数的期望作为模糊矩阵的最终效用值,据此模糊矩阵博弈可以有效转化为经典矩阵博弈进行求解。下面给出一系列相关定义。

定义 6-4(α 水平集) [22] : $\tilde{a}$ 的 α 水平集定义为

$$[\tilde{a}]^\alpha = \{x \in R \mid u_{\hat{a}}(x) \geqslant \alpha\} = [a_\alpha^-, a_\alpha^+] \tag{6-38}$$

定义 6-5(可能性 Pos) [23] :

$$\text{Pos}\{\tilde{a} \leqslant z\} = \sup\{u_{\tilde{a}} \mid x \in R, x \leqslant z\} \tag{6-39}$$

$$\text{Pos}\{\tilde{a} \geqslant z\} = \sup\{u_{\hat{a}} \mid x \in R, x \geqslant z\} \tag{6-40}$$

$$\text{Pos}\{\tilde{a} = z\} = \sup\{u_{\hat{a}} \mid x \in R, x = z\} = u_{\hat{a}}(z) \tag{6-41}$$

结合文献[24],给出可能性空间的定义。

定义 6-6(可能性空间 Pro) :三元组:

$$\text{Pro} = (\Phi, P(\Phi), \text{Pos}) \tag{6-42}$$

为可能性空间,Φ 是一个非空集合,代表一个可能的事件,$P(\Phi)$ 是 Φ 的幂集,它

可能为空,也可能为 Φ,Pos 为可能性测度。

根据上述定义,任何一个随机事件都可以一个可能性空间的形式进行描述,在上述定义的基础上,下面给出必要性 Nec 的定义。

定义 6-7(必要性 Nec)[24]:对于一个可能性空间

$$Pro = (\Phi, P(\Phi), Pos) \qquad (6-43)$$

$A \in P(\Phi)$,有

$$Nec\{A\} = 1 - Pos(A_-) \qquad (6-44)$$

式中:A_- 为 A 的对立事件。例如

$$Nec\{\widetilde{a} \leq z\} = 1 - Pos\{\widetilde{a} > z\} \qquad (6-45)$$

$$Nec\{\widetilde{a} \geq z\} = 1 - Pos\{\widetilde{a} < z\} \qquad (6-46)$$

$$Nec\{\widetilde{a} = z\} = 1 - Pos\{\widetilde{a} < z \parallel \widetilde{a} > z\} \qquad (6-47)$$

定义 6-8(可信性 Cr)[24]:对于一个可能性空间

$$Pro = (\Phi, P(\Phi), Pos) \qquad (6-48)$$

$A \in P(\Phi)$,称

$$Cr(A) = 0.5(Pos\{A\} + Nec\{A\}) \qquad (6-49)$$

式中:为 A 的可信性。

在上述模糊数相关定义基础上,下面给出模糊变量的两种形式的期望值定义。

定义 6-9(基于 Cr 的期望 Exp)[25]:

$$Exp(\widetilde{a}) = \int_0^\infty Cr\{\widetilde{a} \geq z\} dz - \int_{-\infty}^0 Cr\{\widetilde{a} \leq z\} dz \qquad (6-50)$$

为模糊变量 $\widetilde{a}$ 的期望。

定义 6-10(基于乐观系数的期望 Exp)[26]:

$$Exp_\lambda(\widetilde{a}) = \int_0^1 [\lambda a_\alpha^- + (1-\lambda) a_\alpha^+] d\alpha \qquad (6-51)$$

为模糊数 $\widetilde{a}$ 的乐观系数为 λ 的期望,λ 表示决策者在水平集 $[a_\alpha^-, a_\alpha^+]$ 中取值的保守度,当 $\lambda = 0$ 时,有

$$Exp_\lambda(\widetilde{a}) = \int_0^1 a_\alpha^+ d\alpha \qquad (6-52)$$

表示决策者取值极为乐观,当 $\lambda = 1$ 时,有

$$Exp_\lambda(\widetilde{a}) = \int_0^1 a_\alpha^- d\alpha \qquad (6-53)$$

表示决策者取值极为保守。

2. 不同类型的模糊数纳什均衡

对于一个模糊双矩阵博弈 $G = (\widetilde{\Omega}_R, \widetilde{\Omega}_B)$，其中的每个支付值分别为模糊数 $\tilde{u}_{Rij}$、$\tilde{u}_{Bij}$，$i = 1, 2, \cdots, m$，$j = 1, 2, \cdots, n$，并假设 $\tilde{u}_{Rij}$、$\tilde{u}_{Bij}$ 均为相互独立的模糊数，结合文献[27]，可根据不同的模糊数排序方法定义如下几种双矩阵模糊纳什均衡。

定义 6-11(可能均衡策略)：设 $\boldsymbol{x} = (x_1, x_2, \cdots, x_m)$，$\boldsymbol{y} = (y_1, y_2, \cdots, y_m)$ 为博弈双方的混合策略，若

$$\mathrm{Pos}(\boldsymbol{x}\tilde{u}_{Rij}\boldsymbol{y}^{*\mathrm{T}} \geq z) \leq \mathrm{Pos}(\boldsymbol{x}^*\tilde{u}_{Rij}\boldsymbol{y}^{*\mathrm{T}} \geq z) \geq \mathrm{Pos}(\boldsymbol{x}^*\tilde{u}_{Rij}\boldsymbol{y}^{\mathrm{T}} \geq z) \quad (6\text{-}54)$$

则称 $(\boldsymbol{x}^*, \boldsymbol{y}^*)$ 为双矩阵博弈置信水平 z 的可能均衡策略。

定义 6-12(可信均衡策略)：设 $\boldsymbol{x} = (x_1, x_2, \cdots, x_m)$，$\boldsymbol{y} = (y_1, y_2, \cdots, y_m)$ 为博弈双方的混合策略，若

$$\mathrm{Cr}(\boldsymbol{x}\tilde{u}_{Rij}\boldsymbol{y}^{*\mathrm{T}} \geq z) \leq \mathrm{Cr}(\boldsymbol{x}^*\tilde{u}_{Rij}\boldsymbol{y}^{*\mathrm{T}} \geq z) \geq \mathrm{Cr}(\boldsymbol{x}^*\tilde{u}_{Rij}\boldsymbol{y}^{\mathrm{T}} \geq z) \quad (6\text{-}55)$$

则称 $(\boldsymbol{x}^*, \boldsymbol{y}^*)$ 为双矩阵博弈置信水平 z 的可信均衡策略。

定义 6-13(基于乐观系数的期望均衡策略)：设 $\boldsymbol{x} = (x_1, x_2, \cdots, x_m)$，$\boldsymbol{y} = (y_1, y_2, \cdots, y_m)$ 为博弈双方的混合策略，若

$$\mathrm{Exp}_\lambda(\boldsymbol{x}\tilde{u}_{Rij}\boldsymbol{y}^{*\mathrm{T}}) \leq \mathrm{Exp}_\lambda(\boldsymbol{x}^*\tilde{u}_{Rij}\boldsymbol{y}^{*\mathrm{T}}) \geq \mathrm{Exp}_\lambda(\boldsymbol{x}^*\tilde{u}_{Rij}\boldsymbol{y}^{\mathrm{T}}) \quad (6\text{-}56)$$

则称 $(\boldsymbol{x}^*, \boldsymbol{y}^*)$ 为双矩阵博弈基于乐观系数的期望均衡策略。

定义 6-14(基于可信性的期望均衡策略)：设 $\boldsymbol{x} = (x_1, x_2, \cdots, x_m)$，$\boldsymbol{y} = (y_1, y_2, \cdots, y_m)$ 为博弈双方的混合策略，若

$$\mathrm{Exp}(\boldsymbol{x}\tilde{u}_{Rij}\boldsymbol{y}^{*\mathrm{T}}) \leq \mathrm{Exp}(\boldsymbol{x}^*\tilde{u}_{Rij}\boldsymbol{y}^{*\mathrm{T}}) \geq \mathrm{Exp}(\boldsymbol{x}^*\tilde{u}_{Rij}\boldsymbol{y}^{\mathrm{T}}) \quad (6\text{-}57)$$

则称 $(\boldsymbol{x}^*, \boldsymbol{y}^*)$ 为双矩阵博弈基于可信性的期望均衡策略。

考虑到期望均衡策略的直观性和实用性，而基于乐观系数期望的参数值难以有效设置，这里采用基于可信性的期望均衡策略作为模糊矩阵博弈的均衡原型。根据模糊期望公式性质，有关系

$$\mathrm{Exp}(\boldsymbol{x}\tilde{u}_{Rij}\boldsymbol{y}^{*\mathrm{T}}) = \boldsymbol{x}\mathrm{Exp}(\tilde{u}_{Rij})\boldsymbol{y}^{*\mathrm{T}} \quad (6\text{-}58)$$

$$\mathrm{Exp}(\boldsymbol{x}^*\tilde{u}_{Rij}\boldsymbol{y}^{*\mathrm{T}}) = \boldsymbol{x}^*\mathrm{Exp}(\tilde{u}_{Rij})\boldsymbol{y}^{*\mathrm{T}} \quad (6\text{-}59)$$

$$\mathrm{Exp}(\boldsymbol{x}^*\tilde{u}_{Rij}\boldsymbol{y}^{\mathrm{T}}) = \boldsymbol{x}^*\mathrm{Exp}(\tilde{u}_{Rij})\boldsymbol{y}^{\mathrm{T}} \quad (6\text{-}60)$$

因此在进行纳什均衡的求解时，可以首先将模糊支付矩阵基于可信期望值转化为期望支付矩阵，并以期望矩阵代替原模糊矩阵进行纳什均衡的求解，以降低模型求解的复杂性。

特别地，根据上述基于 Cr 的期望定义，三角模糊数 $\tilde{a} = (a_1, a_m, a_r)$ 的期望值为

$$\mathrm{Exp}(\tilde{a}) = 0.25(a_1 + 2a_m + a_r) \quad (6\text{-}61)$$

梯形模糊数:
$$\text{Exp}(\widetilde{a}) = \text{Exp}(a_1, a_{m1}, a_{m2}, a_r) = 0.25(a_1 + a_{m1} + a_{m2} + a_r) \tag{6-62}$$

对于其他类型的模糊数,其计算方法可能比较复杂,通常可以采用模糊模拟方法[27]解算。

由于本章建立的 CMAgent 模糊收益值为三角模糊数,因此可极大地降低模糊矩阵博弈的计算复杂性。假设红蓝双方联合策略模糊效用矩阵为 $G = (\widetilde{\Omega}_R, \widetilde{\Omega}_B)$,则采用可信期望值将其转化为确定型博弈矩阵为

$$\text{Exp}(\widetilde{\Omega}_R) = \begin{bmatrix} \text{Exp}(\widetilde{u}_{R11}) & \cdots & \text{Exp}(\widetilde{u}_{R1n}) \\ \vdots & & \vdots \\ \text{Exp}(\widetilde{u}_{Rm1}) & \cdots & \text{Exp}(\widetilde{u}_{Rmn}) \end{bmatrix} =$$

$$\begin{bmatrix} \dfrac{u_{R11l} + 2u_{R11m} + u_{R11r}}{4} & \cdots & \dfrac{u_{R1nl} + 2u_{R1nm} + u_{R1nr}}{4} \\ \vdots & & \vdots \\ \dfrac{u_{Rm1l} + 2u_{Rm1m} + u_{Rm1r}}{4} & \cdots & \dfrac{u_{Rmnl} + 2u_{Rmnm} + u_{Rmnr}}{4} \end{bmatrix} \tag{6-63}$$

式中: $\widetilde{u}_{Rij} = (u_{Rijl}, u_{Rijm}, u_{Rijr})$ 为三角模糊收益值; $\widetilde{\Omega}_B$ 的转化方法类似。当进行上述转化后,即可实现模糊矩阵博弈的清晰化,然后采用 PSO 算法进行纳什均衡的求解。

6.4.4　基于改进 PSO 的纳什均衡求解

1. 基本的改进 PSO 算法

当基于蒙特卡罗采样学习到所有联合策略的值函数 $V(\boldsymbol{a}) \mid \boldsymbol{a} \in A_R \times A_B$ 后,即可进行多人博弈模型的纳什均衡求解。著名的博弈论大师纳什指出任何一个博弈模型都存在一个纳什均衡,然而,对于更复杂一些的博弈模型,通常难以获取纯策略纳什均衡,取而代之的是混合策略纳什均衡,即每个策略的选择并非是绝对的,而是以一定的概率选择,下面给出混合策略以及纳什均衡的定义。

定义 6-15(混合策略)[28]:一个 Agent$i$ 的混合策略为其行动空间的一个概率分布:
$$X_i = \left\{ x_{ij}(a_{ij}) \to [0,1] \mid \sum_{a_{ij} \in A_i} x_{ij}(a_{ij}) = 1 \right\} \tag{6-64}$$

定义 6-16(纳什均衡)[28]:混合策略 $X^* = (X_1^*, X_2^*, \cdots, X_n^*)$ 是一个纳什均

衡当且仅当

$$\forall i \in N, a_{ij} \in A_i : u_i(X_i, X_{-i}^*) \leqslant u_i(X_i^*, X_{-i}^*) \tag{6-65}$$

其中

$$u_i(X) = u_i(X_i, X_{-i}) = \sum_{\boldsymbol{a} \in A} x(\boldsymbol{a}) u_i(\boldsymbol{a}) \tag{6-66}$$

为 Agent i 的混合策略为 X_i,其他 Agent 的混合策略为

$$X_{-i} = (X_1, X_2, \cdots, X_{i-1}, X_{i+1}, \cdots, X_n) \tag{6-67}$$

时的支付函数:

$$x(\boldsymbol{a}) = x([a_1, a_2, \cdots, a_n]) = \prod_{i \in n} x_i(a_i) \tag{6-68}$$

表示所有 Agent 选择联合行动 $\boldsymbol{a}$ 的概率,$x_i(a_i)$ 表示 Agent i 选择 $a_i \mid a_i \in A_i$ 的概率。可以看出,当 Agent 采取纳什均衡策略时,获得最优的收益,而单方面偏离纳什均衡,Agent 的收益都会减小,因此纳什均衡能够保证 Agent 的收益最大,可视为 Agent 的最优策略。

假设学习 Agent 的支付函数为矩阵 Ω_R,Ω_R 的行数为 m,列数为 n,对手 Agent 的支付矩阵为 Ω_B,Ω_B 的行数和列数同 Ω_R。假设 μ_{Rij} 代表 Ω_R 第 i 行、第 j 列的元素,它表示学习 Agent 采取第 i 个联合策略,对手 Agent 采取第 j 个联合策略时,学习 Agent 的收益,μ_{Bij} 的含义类似。$\boldsymbol{x} = (x_1, x_2, \cdots, x_m)$ 与 $\boldsymbol{y} = (y_1, y_2, \cdots, y_n)$ 分别代表学习 Agent 以及对手 Agent 的混合策略。则根据纳什均衡的定义,双方混合策略的求解可转化为以下线性规划问题:

$$\begin{cases} \sum_{j=1}^{n} \mu_{Rij} y_j \leqslant R_R, & i = 1, 2, \cdots, m \\ \sum_{j=1}^{n} y_j = 1 \\ y_j \geqslant 0, & j = 1, 2, \cdots, n \\ \sum_{i=1}^{m} \mu_{Bij} x_i \leqslant R_B, & j = 1, 2, \cdots, n \\ \sum_{i=1}^{m} x_i = 1 \\ x_i \geqslant 0, & i = 1, 2, \cdots, m \end{cases} \tag{6-69}$$

学习 Agent 的期望收益为

$$R_R = \sum_{i=1}^{m} \sum_{j=1}^{n} \mu_{Rij} x_i y_j = \boldsymbol{X} \Omega_R \boldsymbol{Y}^{\mathrm{T}} \tag{6-70}$$

对手 Agent 的期望收益为

$$R_\text{B} = \sum_{i=1}^{m} \sum_{j=1}^{n} \mu_{\text{B}_{ij}} x_i y_j = X \Omega_\text{B} Y^\text{T} \tag{6-71}$$

以上方程组的解即为纳什均衡解,对于上述多目标优化问题,通常可采用 PSO 进行求解[29,30]。PSO 算法由大量粒子 $X = \{X_1, X_2, \cdots, X_I\}$ 组成,I 为粒子种群的规模,每个粒子的位置 $X_i = (x_{i1}, x_{i2}, \cdots, x_{iD})$ 代表一个问题域的可行解,D 为解的维度,根据式(6-69),可知 $D = m + n$,每个粒子通过一个适应度函数表征其好坏,并且不断通过速度向量 $V_i = (v_{i1}, v_{i2}, \cdots, v_{iD})$ 更新其位置:

$$x_{ij}^{k+1} = x_{ij}^{k} + v_{ij}^{k+1}, j = 1, 2, 3, \cdots, D \tag{6-72}$$

式中速度 v_{ij} 的更新公式为

$$v_{ij}^{k+1} = \omega_k v_{ij}^{k} + c_1 r_{o1} (p_{oi}^{k} - x_{ij}^{k}) + c_2 r_{o2} (g_{oj}^{k} - x_{ij}^{k}) \tag{6-73}$$

式中:c_1、c_2 为非负加速度因子;r_{o1}、r_{o2} 为分布于 $[0,1]$ 之间的随机数,令 $P_{oi} = (p_{oi1}, p_{oi2}, \cdots, p_{oiI})$ 为第 i 个粒子的当前最好值;$G_o = (g_{o1}, g_{o2}, \cdots, g_{oD})$ 为粒子群当前的全局最优值;ω 是权重,在进化初期较大以提高收敛速度,在进化末期较小以减小波动幅度,通常可设置为从最大权重 ω_max 线性递减为最小权重 ω_min:

$$\omega_k = \omega_\text{max} - \frac{k}{k_\text{max}} \times (\omega_\text{max} - \omega_\text{min}) \tag{6-74}$$

可以看出,PSO 算法正是在个体极值 P_{oi} 以及群体极值 G_o 的共同引导之下,通过所有粒子的位置不断更新实现全局最优解的逐步逼近能力。

构造的越小越好型适应度函数为

$$f(x, y) = \max \left(\max_{i} \left(\sum_{j=1}^{n} \mu_{\text{R}_{ij}} y_j - R_\text{R} \right), 0 \right) + \max \left(\max_{j} \left(\sum_{i=1}^{m} \mu_{\text{B}_{ij}} x_i - R_\text{B} \right), 0 \right) \tag{6-75}$$

理想情况下,当 $f(x, y) = 0$ 时,问题找到最优解,但实际上 $f(x, y)$ 是不可能为零的,因此可设置一个截止精度 ξ^*,令 $\xi = f(x, y)$,当 $\xi \leqslant \xi^*$ 时即视为找到最优解。

不同的博弈矩阵对应的 ξ^* 不一定相同,通常可令 ξ^* 随矩阵规模以及元素的大小略微增大。此外,为了提高算法的计算速度,避免在迭代过程中产生无效解,对传统的 PSO 算法进行一定的改进,改进方法是将不满足限制条件的无效解重新调整到策略空间内。假设第 $k+1$ 次迭代的种群中第 i 个粒子的第 j 个元素表示为 x_{ij}^{k+1},如果有 $x_{ij}^{k+1} < 0$,则令 $x_{ij}^{k+1} = 0$,同时还要对所有的元素进行归一化以使该粒子重新回到纳什均衡策略空间内:

$$x_{ij}^{k+1} = \frac{x_{ij}^{k+1}}{\sum_{j=1}^{p} x_{ij}^{k+1}} \tag{6-76}$$

PSO 算法的纳什均衡求解流程如图 6-4 所示,具体为首先设置相关参数,包括粒子群的规模、最大迭代次数、误差精度等,然后初始化种群的微粒位置和速度,开始循环迭代。在每一次迭代计算时,首先计算个体极值和群体极值,并计算群体极值的适应度,如果满足误差精度要求则终止算法并输出结果,否则更新所有微粒的速度和位置开始下一次迭代。在每次对粒子的位置和速度进行更新时,要判断所有粒子的位置是否满足策略构造要求,对于不满足要求的粒子通过修正使其重新回到策略空间内。

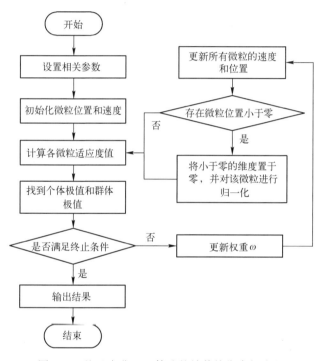

图 6-4　基于改进 PSO 算法的纳什均衡求解流程

2. 基于岛屿模型的 PSO 算法

基于岛屿模型的 PSO 算法(Island-PSO,IPSO)属于拓扑结构改进算法,具有极强的复杂计算能力,由于每个岛屿都代表了一个独立的粒子群,因此 IPSO 的多样性大大增强,又由于每个岛屿分别进化,只在固定周期同主进程通信,因此受最优粒子的牵制影响得到降低,算法的局部搜索能力得到保持。此外,由于每个岛屿都可以由单独的进程实现,因此 IPSO 拥有较高的并行计算特性,是一种解算能力以及计算性能均较高的先进 PSO 实现框架,其拓扑结构如图 6-5 所示。

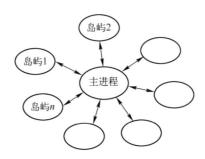

图 6-5 基于岛屿模型的 PSO 算法拓扑结构

为了充分利用集群计算能力,可以使 IPSO 算法运行在分布式环境中,各个岛屿进程与主进程之间通过 Socket 进行通信,因此可以运行在不同的处理机上。这样做的另一个好处是,当岛屿进程与主进程运行在同一个主机上时,即可模拟并行运行模式。此外,通过控制岛屿进程的数量与处理机的性能直接相关,可以充分利用不同配置处理机的计算能力,使得各个岛屿进程执行进度尽可能保持一致,使得算法的整体进度不会受到某个慢进程的影响,如在性能优异的处理机上运行两个岛屿进程,而在性能一般的处理机上只运行一个岛屿进程。

3. 基于分布式多级岛屿的 PSO 算法

博弈论的复杂性在于如何进行纳什均衡的有效求解,纳什均衡的计算属于 NP 完全难问题,更精确地,Daskalakis 认为混合策略纳什均衡的求解属于 PPAD 完全难问题[31],尤其当博弈规模极大时,混合策略纳什均衡的求解已经成为制约博弈论广泛应用的巨大障碍。虽然著名的博弈论大师纳什已经证明了纳什均衡的存在性,然而纳什的不动点定理证明方法对于纳什均衡的求解没有任何启发,因此,如何进行混合策略纳什均衡的求解成为众多学者一直以来的不懈追求[32,33]。

由于混合策略纳什均衡的求解空间是可以确定的,因此可采用启发式搜索算法对博弈模型的纳什均衡进行搜索求解,其中 PSO 算法由于搜索速度快、搜索范围大,被许多学者用于博弈模型的求解。然而,传统的 PSO 算法仅能对小规模博弈矩阵进行有效求解,而针对装备体系的模糊博弈仿真评估技术面临的是一种更复杂的高阶矩阵博弈(25×5 阶以上),如此高的矩阵阶数,传统的 PSO 算法则无能为力,为此,必须对传统的 PSO 算法进行一定的改进,以进一步提升 PSO 的多样化搜索能力与纵向拓展性能。

这里介绍一种改进的基于分布式多级岛屿的 PSO 算法(Distributed Multi-Degree Island PSO,DMDI-PSO),以有效应对基于博弈论的装备体系效能评估面临的高阶矩阵博弈纳什均衡求解问题。

DMDI-PSO 也是在拓扑结构方面对 PSO 算法进行改进,与 IPSO 拓扑结构改进算法的区别在于,DMDI-PSO 的拓扑结构不仅在横向,而且在纵向进行改进,通过级与级之间的递进关系,使得已经停滞的最优粒子在几乎同样优秀的最优粒子的协同配合下,能够继续向着问题最优解的方向进化。此外,DMDI-PSO 采用与 IPSO 类似的并行计算机制,通过集成多个处理机的计算能力以应对由于种群多样性带来的计算负担。

DMDI-PSO 某级的拓扑结构如图 6-6 所示,可以看出,DMDI-PSO 相当于多个 IPSO 在纵向上的串联,即每一级都相当于 IPSO,每个岛屿作为一个独立的岛屿以基本的改进 PSO 算法进行独立进化,完全不受全局极值的影响,当下级的所有岛屿进化完毕后,由下级群体产生的最优值组成上级群体并重新进行进化,直到找到问题最优解或最上级计算完毕。

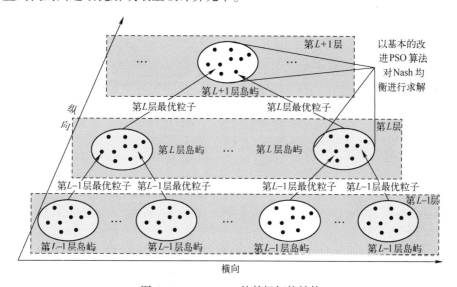

图 6-6　DMDI-PSO 的某级拓扑结构

由于相同岛屿的所有粒子都是下一级进化而来的最优粒子,具有几乎同样水平的适应度,相当于在最优岛屿的基础上进行进化,必然能够产生相比岛屿内所有个体都更加优秀的新的精英个体,这就是 DMDI-PSO 的纵向开拓原理,通过这种级级递进的进化机制,赋予 DMDI-PSO 更强的寻优能力。

为了对 DMDI-PSO 的递进寻优能力进行直观的展示,将每一级的最优岛屿进化曲线绘制在一张图中。图 6-7 所示为某次三级 DMDI-PSO 的连续进化过程。图中第一级岛屿(子群)的截止精度为 0.2208,第二级岛屿的初始精度为 2.9971,截止精度为 0.0306,第三级的初始精度为 0.0306,截止精度为 0.0179。

虽然高级别初始精度值不一定等于下级的最优岛屿截止精度,但是由于上一级岛屿是在下一级基础上的进化,因此其进化结果一定会优于下级结果,这是显然的。此外,可以看出低级岛屿在迭代到一定的次数时都会陷入早熟阶段,之后在相当长的步数内难以跳出局部极值,算法进入停滞阶段,但是通过更高级的继续迭代却可以实现在下级停滞基础上的进一步优化,通过这种级级递进的协同配合实现计算结果在纵向的深度拓展,体现了 DMDI-PSO 算法更强的寻优能力。

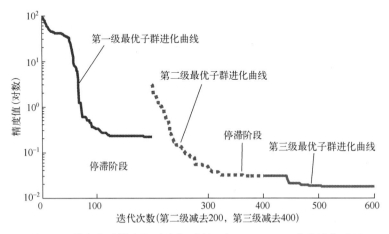

图 6-7　某次高阶博弈矩阵求解时的三级 DMDI-PSO 递进寻优过程

6.4.5　基于博弈论的评估流程

如果将每个 CMAgent 视为一个局中人,则装备体系体系对抗博弈属于多人静态博弈,又由于体系对抗中各个 CMAgent 都可以归为红蓝两个阵营,每个阵营的 CMAgent 拥有相同的收益,因此可将装备体系多人静态博弈转化为两人静态博弈进行求解。对于红蓝双方静态博弈,每个局中人的策略为所有单方CMAgent 的联合策略,每个局中人的收益为采用联合策略时的作战效能,其求解的关键是如何计算每个阵营(局中人)在采取联合策略时,双方的收益值,在此基础上即可实现双人静态博弈模型的求解。基于博弈论的装备体系体系对抗仿真评估流程如图 6-8 所示,最优策略以及体系效能的计算是装备体系体系对抗仿真评估的目标。

根据装备体系体系对抗仿真的多人静态博弈模型框架,给出红蓝对抗顶层博弈的形式化定义如下。

定义 6-17(红蓝对抗顶层博弈模型): 装备体系红蓝对抗顶层博弈为一个由两个 Agent 组成的一般博弈,表示为一个三元组,即

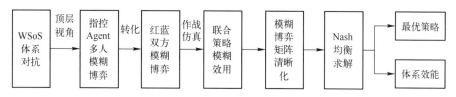

图 6-8　基于博弈论的装备体系仿真评估流程

$$\varGamma = <\{\mathrm{Agt_R},\mathrm{Agt_B}\},\{A_\mathrm{R},A_\mathrm{B}\},\{u_\mathrm{R},u_\mathrm{B}\}> \qquad (6\text{-}77)$$

式中：$\{\mathrm{Agt_R},\mathrm{Agt_B}\}$ 为有限 Agent 的集合；$\{A_\mathrm{R},A_\mathrm{B}\}$ 为每个 Agent 的有限离散行为空间；每个行动 $\boldsymbol{a} \in A_\mathrm{R} \times A_\mathrm{B}$ 是包括所有 CMAgent 策略的联合策略集合 $(a_1,a_2,\cdots a_n)$；a_i 为每个 CMAgent 的策略；n 为总的 CMAgent 数目，$\boldsymbol{a} \rightarrow u_i \mid i \in R,B$ 为其相应的效用函数。

对于装备体系红蓝对抗顶层博弈模型，每个 CMAgent 的策略集合 $A_i = \{a_1, a_2,\cdots,a_{m_i}\}$ 是已知的，其中 m_i 是 a_i 策略空间的大小，需要求解的是所有 CMAgent 联合策略 $\boldsymbol{a} = \{a_1,a_2,\cdots,a_n, \mid a_i \in A_i\}$ 对应的联合效用函数 $u_i(\boldsymbol{a})$，则总共的联合策略数目为 $\prod\limits_{i=1}^{n} m_i$，而为了求解所有联合策略对应的效用值则必须遍历所有的策略组合，由于 $\prod\limits_{i=1}^{n} m_i$ 可能很大，要实现在最短的仿真次数中遍历所有的联合策略，基于蒙特卡罗的抽样技术是行不通的，这里采用基于排列组合的联合策略分配技术遍历所有可能的联合策略，即以排列组合的方法依此选择每个 CMAgent 的指定序号策略，进而实现所有联合策略效用值（支付值）的计算，并且每个联合策略效用值的计算次数基本相同。

6.5　装备体系多 Agent 仿真评估模型应用

下面通过构造一个评估案例进行体系对抗仿真实验对基于博弈论的装备体系多 Agent 仿真评估模型使用方法进行示例说明。

6.5.1　Agent 层次结构模型与作战想定

作战想定为具有相同体系结构及兵力配置的红蓝双方在作战开始时相向运动，当在中间区域遭遇时开始进攻，在进行遭遇作战时，双方 CMAgent 根据预先指定的策略进行作战指挥，直至作战结束，红方的兵力配置如图 6-9 所示，共包含 20 个 SUAgent、10 个 ATAgent、1 个 RPAgent、30 个 SCAgent、10 个 CCAgent。蓝方的兵力配置不同于红方，如图 6-10 所示，共包含 20 个 SUAgent、30 个 ATAgent、1 个 RPAgent、10 个 SCAgent、10 个 CCAgent。红蓝双方的兵力规模相同,均为 71 个作战 Agent,双方各有一个编队,对应于一个 CMAgent,仿真系统总共 144 个 Agent。实验的目的就是要求每个 CMAgent 的最佳策略,以及对应的最合理的作战效能。

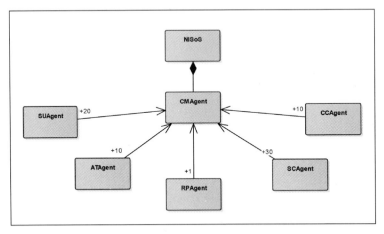

图 6-9　红方体系结构及其兵力部署(MV-4)

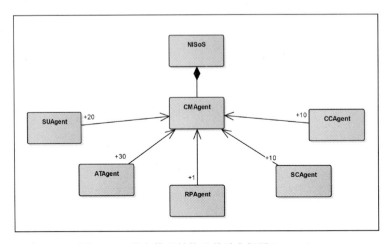

图 6-10　蓝方体系结构及其兵力部署(MV-4)

6.5.2　作战仿真实验结果

通过扩展 CMAgent 的认知决策接口设计的五种指挥控制策略同前。可以算得总共的联合策略空间为 $5×5=25$,为了提高结果可信度,设置仿真次数为 250 次。此外,杀伤因子 $\gamma=1.4,\rho=1$。考虑到博弈矩阵求解的简易性,采用基本的改进 PSO 算法进行博弈矩阵的求解,种群规模 40、最大迭代次数为 200、截止精度 $\xi^* = 0.001$、$\omega_k = \omega_{max} - k \times (\omega_{max} - \omega_{min})/k_{max}$（其中 $\omega_{max} = 0.9$，$\omega_{min} = 0.4$，k 为迭代次数）、$c_1 = c_2 = 2$。

　　表 6-1 所列为执行 250 个周期的作战仿真后,各个联合策略迭代更新的学习次数变化,其中"i_j"代表红方第一编队 CMAgent 采取编号为 i 的联合策略,蓝方第一编队 CMAgent 采取编号为 j 的联合策略,例如"0_0"代表红方 CMAgent 采用联合策略 NoCommand,蓝方 CMAgent 采用联合策略 AttackAT。需要说明的是,策略编号方法与编队数目有关,相同的编队数目具有相同的联合策略编号方法,在本次实验中,红蓝双方的不同联合策略的编号方法如表 6-2 所列(注意,虽然红蓝双方只有一个编队,但是各个阵营组成的 CMAgent 策略选择方法应视为联合策略)。

表 6-1　红蓝双方各个联合策略的学习次数随仿真次数的增长矩阵

仿真次数	红蓝双方联合策略								
	0_0	0_1	0_2	0_3	0_4	…	4_2	4_3	4_4
1	1	0	0	0	0	…	0	0	0
2	1	1	0	0	0	…	0	0	0
3	1	1	1	0	0	…	0	0	0
4	1	1	1	1	0	…	0	0	0
5	1	1	1	1	1	…	0	0	0
6	1	1	1	1	1	…	0	0	0
⋮	⋮	⋮	⋮	⋮	⋮	⋮	⋮	⋮	⋮
248	10	10	10	10	10	…	10	9	9
249	10	10	10	10	10	…	10	10	9
250	10	10	10	10	10	…	10	10	10

表 6-2　一个编队时的红蓝双方联合策略编号方法

联 合 策 略	AttackSU	AttackSC	AttackAT	AttackCC	NoCommand
联合策略编号	0	1	2	3	4

　　由表 6-1 可以看出,各个联合策略的学习次数随周期呈阶梯增长规律,每个阶梯对应于排列组合的一个周期(本例中为 25),而每个周期内所有联合策略都能够被遍历一次,最终学习次数均达到相等的 10 次。

　　最终的红蓝双方博弈矩阵如表 6-3 所列。

表 6-3　仿真结束时红蓝双方博弈矩阵

红方策略	蓝方策略				
	0	1	2	3	4
0	32.53,11.12	93.59,-61.91	-63.38,94.62	71.65,-33.14	93.02,-61.10
1	66.72,-26.27	94.00,-62.47	-52.54,82.53	84.11,-48.64	95.30,-64.30
2	66.61,-25.19	95.24,-64.22	-62.69,92.66	77.29,-39.09	94.96,-63.83
3	37.31,8.01	90.29,-57.28	-60.14,89.59	67.90,-31.89	92.12,-59.85
4	65.01,-25.85	95.65,-64.80	-58.62,90.71	85.52,-50.62	97.19,-66.95

表格中左边数字代表红方,右边数字代表蓝方,采用改进的 PSO 算法进行博弈矩阵的求解,共迭代 10 次,截止误差为 0。最终根据仿真评估结果可知,纳什均衡解对应的红方 $R_R^* = -52.54$,蓝方 $R_B^* = 82.53$,即蓝方装备体系要强于红方装备体系,并且蓝方应采取的最佳策略为 AttackAT(见表 6-2),而红方应采取 AttackSC。

根据纳什均衡可知,红方的薄弱环节为 ATAgent,即蓝方只要优先攻击红方的 ATAgent 即可以较大概率赢得作战的胜利,而蓝方的薄弱环节则为 SCAgent,即红方的最优回应是尽可能地优先攻击蓝方的 SCAgent 以使自己免受更大损失。不难看出,以上结果与红蓝双方的体系结构具有一定的呼应,这是由于红方体系只有 10 个 ATAgent,因此 ATAgent 成为红方的薄弱环节,而蓝方由于只有 10 个 SCAgent,因此 SCAgent 成为蓝方的薄弱环节,这进一步验证了方法的准确性。此外,还可以推出,ATAgent 在一定程度上其作用要大于 SCAgent,当然这也未必是绝对的,可能还与具体的体系结构设置有一定的关系。综上,基于博弈论的评估方法不仅能够给出体系的强弱判断,而且能够给出最佳的联合策略,进而分析出体系中存在的薄弱环节。

表 6-4 所列为采用基本 PSO 算法与改进 PSO 算法进行博弈矩阵求解时的搜索性能对比。当截止精度满足 $\varepsilon < 0.001$ 时视为求解成功,每种算法的求解次数共计为 20 次,基本 PSO 算法没有式(6-76)的重新调整过程,从而减小了算法的搜索性能,基本 PSO 算法的适应度函数需要修改为

$$f(x,y) = \max\left(\max_i\left(\sum_{j=1}^n \mu_{Rij}y_j - \sum_{i=1}^m\sum_{j=1}^n \mu_{Rij}x_iy_j\right),0\right) +$$
$$\max\left(\max_j\left(\sum_{i=1}^m \mu_{Bij}x_i - \sum_{i=1}^m\sum_{j=1}^n \mu_{Bij}x_iy_j\right),0\right) + \qquad (6\text{-}78)$$
$$\left|1 - \sum_{j=1}^n y_j\right| + \left|1 - \sum_{i=1}^m x_i\right|$$

表 6-4　PSO 算法与改进 PSO 算法的搜索性能对比

算　　法	$\bar{\varepsilon}$	$\bar{R}_R$	$\bar{R}_B$	$\left|\bar{R}_R - R_R^*\right|$	$\left|\bar{R}_B - R_B^*\right|$	成功次数	成功率
PSO	1.884	-44.343	72.055	8.197	10.475	5	25%
改进 PSO	1.95	-54.491	84.505	1.951	1.975	15	75%

可以看出,相比 PSO 算法,改进 PSO 算法在精度方面略微次之,但在求解成功率方面明显占据优势,并且平均奖赏值 $\bar{R}$ 与标准结果 R^* 之间的绝对差值也要更小,而基本 PSO 算法的成功概率仅 25%,平均奖赏值 $\bar{R}$ 与标准结果 R^* 之间的绝对差值也要更大些,进而表明了改进 PSO 算法的有效性和优势。然而,本章提出的改进 PSO 算法只适用于小规模博弈矩阵的均衡求解,而对于更高阶的矩阵博弈则无能为力,为此还需要对上述改进 PSO 算法做进一步改进,对此将在第 7 章具体说明。

参 考 文 献

[1]　Mittal S D. Detecting intelligent agent behavior with environment abstraction in complex air combat systems [R]. L-3 Communications Corp Wright-patterson Afb oh Link Simulation and Training DIV, ADA584525,2013.

[2]　杨建池. Agent 建模理论在信息化联合作战仿真中的应用研究[D]. 长沙:国防科技大学,2007:53.

[3]　常一哲,李战武,寇英信,等. 不确定信息条件下空战接敌队形选择方法[J]. 系统工程与电子技术,2016,38(11):2552-2560.

[4]　胡记文,尹全军,冯磊,等. 基于前景理论的 CGF Agent 决策建模研究[J]. 国防科技大学学报,2010,32(4):131-136.

[5]　Kaufman A,Gupta M M. Introduction to fuzzy arithmetic:theory and application[M]. New York:Van Nos-trand Reinhold,1985.

[6]　Gibbons R. A primer in game theory[M]. Upper Saddle River:Prentice Hall,1992.

[7]　Shen D,Chen G,Blasch E,et al. Adaptive markov game theoretic data fusion approach for cyber network defense[C]//IEEE Military Communications Conference (MILCOM),2007.

[8]　Berkovitz L B,Dresher M A. A game-theory Analysis of tactical air war[J]. Operations Research,1959,7(5):599-620.

[9]　Berkovitz L B,Dresher M A. Allocation of two types of aircraft intactical air war:A Game-theoretic analysis [J]. Operations Research,1960,8(5):694-706.

[10]　Poropudas J,Virtanen K. Game theoretic validation of air combat simulation models[C]//IEEE International Conference on Systems,Man and Cybernetics. IEEE,2009:3243-3250.

[11] 姜鑫. 面向人因复杂性的军事对抗决策分析、建模与应用研究[D]. 长沙:国防科学技术大学,2011.

[12] 鲜勇,斯文辉,王剑. 基于博弈论的弹道导弹攻防技术研究[J]. 电光与控制,2010,17(3):48-74.

[13] 赵明明,李彬,王敏立. 多无人机超视距空战博弈策略研究[J]. 电光与控制,2015,22(4):41-45.

[14] 陈侠,赵明明,徐光延. 基于模糊动态博弈的多无人机空战策略研究[J]. 电光与控制,2014,21(6):19-34.

[15] 袁再江. 序贯博弈作战意图预测模型[J]. 系统工程理论与实践,1997,7:70-76.

[16] Kawara Y. An allocation problem of support fire in combat as a differential game[J]. Operations Research,1973,21(4):942-951.

[17] Virtanen K,Karelahti J,Raivio T. Modeling air combat by a moving horizon influence diagram game[J]. Journal of Guidance,control,and Dynamics,2006,29(5):1080-1091.

[18] 钟麟,佟明安,钟卫. 影响图对策在多机协同空战中的应用[J]. 北京航空航天大学学报,2007,33(4):450-453.

[19] 杜正军,陈超,姜鑫. 基于影响网络与不完全信息多阶段博弈的作战行动序列模型及求解方法[J]. 国防科技大学学报,2012,34(3):63-84.

[20] 孔德锋,陈超,杜正军. 序贯博弈中作战行动执行时间的优化建模与求解[J]. 火力与指挥控制,2013,38(10):42-46.

[21] Kovarsky A,Buro M. Heuristic search applied to abstract combat games[J]. 2005,LNAI 3501:66-78.

[22] Carlsson C,Fuller R. On possibilistic mean value and variance of fuzzy numbers[J]. Fuzzy Sets and Systems,2001,122: 351-326.

[23] 赵晓煜,汪定伟. 供应链中二级分销网络优化设计的模糊机会约束规划模型[J]. 控制理论与应用,2002,19: 249-252.

[24] Liu B. Uncertainty theory:An introduction to its axiomatic foundations[M]. Berlin:Springer-Verlag,2004.

[25] Liu B,Liu Y K. Expected value of fuzzy variable and fuzzy exqected value models[J]. IEEE Transactions on Fuzzy Systems,2002(10):445-450.

[26] Compos L M,Gonzalez A. A subjective approach for ranking fuzzy numbers[J]. Fuzzy Sets and Systems,1989,29:145-53.

[27] 周景耀. 电信监管的经济模型分析[D]. 天津:天津大学,2004:89.

[28] 涂志勇. 博弈论[M]. 北京:北京大学出版社,2009:58.

[29] Bai Y P,Zhang Y. A swarm intelligence algorithm based game theory[J]. Int. J. Computing Science and Mathematics,2013,4(3):287-297.

[30] 王昱,章卫国,傅莉,等. 基于精英改选机制的粒子群算法的空战纳什均衡策略逼近[J]. 控制理论与应用,2015,32(7):857-865.

[31] Daskalakis C,Goldberg P,Papadimitriou C. The complexity of computing a Nash equilibrium[C].//Proceedings of the 38th Annual ACM Symposium on Theory of Computing (STOC),2006:71-78.

[32] Chetry M K,Deodhare D. A survey on computation methods for Nash equilibrium[J]. Int. J. Enterprise Network Management,2012,5(4):317-332.

[33] Lu Y,He Y. Towards the computation of a nash equilibrium[C]. 2014 International Symposium on Neural Networks. Springer International Publishing, Hong Kong and Macao, China, Springer-Verlag, ISNN2014,2014:90-99.

第 7 章 装备体系的多 Agent 作战
仿真系统与应用

7.1 引言

目前,MAS 建模仿真技术已经成为复杂系统研究的有效技术手段,并涌现出一大批相应的建模仿真系统,较早的如 ISAAC、EINSTein、MANA 等,研究的作战情景比较单一,仅限于陆战、海战、空战等,对可视化的支持能力也较差,通常以二维成像技术为主,无法展现真实的战斗情景。2011 年,文献[1]介绍了一款基于 MAS 的体系作战仿真效能评估系统,在作战想定编辑能力以及可视化展现方面都比以往的系统有所增强,并且对不同指挥控制机制的舰艇编队防空作战效能进行了仿真研究。较最近的系统如波音公司 2014 年开发的 AFSIM (Analytic Framework for Simulation)系统[2],在可扩展能力以及可视化方面都已经比较先进,目前由美国空军研究实验室(AFRL)使用维护,仅能够支持空战体系仿真,无法用于更普遍的装备体系建模仿真开发。

本章介绍一款由本书作者开发的基于多 Agent 的装备体系作战仿真原型系统,该系统集成了基于周期驱动动态聚合解聚的多粒度建模仿真技术 (CADMR)、基于改进强化学习的装备体系认知决策技术以及基于博弈论的装备体系效能评估技术等。此外,在系统中还可开展包括复杂网络分析、可视化分析、方差分析等多种模式在内的的装备体系结构优化与参数灵敏度评估,可对体系作战的制胜机制进行深入挖掘,并得出了一些有价值的结论。

7.2 装备体系作战仿真系统设计

该装备体系作战仿真系统简记为 SimNis,由模型定义子系统、领域决策规则定义子系统、客户端仿真运行子系统、控制端仿真运行子系统、三维可视化仿真回溯子系统、KQML 通信语言声明子系统六大部分组成,如图 7-1 所示。下面对各个子系统基本功能进行介绍。

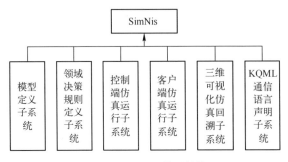

图 7-1　SimNis 体系结构

1. 模型定义子系统

模型定义子系统主要负责仿真想定的设计、Agent 模型的实例化、Agent 模糊性能指标参数的编辑,由抽象的 CCAgent(Communication Agent)模型子模块、SCAgent(Scout Agent)模型子模块、ATAgent(Attack Agent)模型子模块、RPAgent(Repair Agent)模型子模块、SUAgent(Supply Agent)模型子模块、CMAgent(Command Agent)模型子模块组成,各个子模块都可以被继承,实现装备体系高层抽象体系结构类的进一步扩展。为了最大程度逼近真实战场,又为了减小计算复杂度,采用相似律设计仿真想定的物理作战空间,所有 Agent 的参数根据虚拟作战空间尺寸进行无量纲化。

2. 领域决策规则定义子系统

领域决策规则定义子系统由认知决策命令接口模块、强化学习认知决策子模块、博弈评估子模块、纳什均衡计算模块组成。认知决策命令接口模块主要负责命令行为的定义与扩展。强化学习模块用于战役层次 Agent 的宏观认知决策。博弈评估模块主要控制博弈视角下的战役层次决策行为分配。纳什均衡计算模块负责对博弈矩阵的混合策略纳什均衡进行求解。

3. 控制端仿真运行子系统

控制端仿真运行子系统由控制端通信子模块、仿真项目管理子模块、Agent 实体发布子模块、仿真调度子模块、Agent 消息接收子模块以及 Agent 消息处理子模块组成。通信模块负责与客户端的通信,负责接收客户端连接请求,为所有的其他进程提供与客户端通信的 Socket 列表。仿真项目管理子模块提供用户编辑界面,能够对所有类型的实例 Agent 进行性能指标编辑、修改、删除等。Agent 发布模块负责将所有的 Agent 均匀化的发布到所有的客户端,由于 CMAgent 消耗的计算资源相对较大,因此 CMAgent 通常被分布到不同的节点上。仿真调度子模块通过响应用户的仿真请求实现仿真场景的保存与运行、仿真数据(包括仿真回溯数据)的收集与导出、仿真时钟的控制与暂停、仿真结束事件的判断以及相关操作。

4. 客户端仿真运行子系统

客户端仿真运行子系统由客户端通信模块、Agent 进程封装子模块、Agent 进程控制子模块、消息邮箱子模块、时钟控制子模块以及多分辨率调度子模块组成。时钟控制子模块是仿真运行时的客户端主进程,通过协调控制其他模块实现仿真的有序调度运行,主要负责时钟的循环推进。客户端通信模块主要负责建立与服务端的通信连接,开始守护进程准备随时接收服务端的信息,如移动 Agent,但是当仿真运行时,客户端通信模块会将控制权转交给时钟控制子模块。Agent 进程封装子模块会为每个 Agent 开启一个单独的线程,通过为 Agent 输入 KQML 交互信息实现 Agent 逻辑进程的并行执行。消息邮箱子模块主要负责成批次接收来自服务端的 KQML 消息数组以及成批次发送 Agent 进程输出的 KQML 信息。为了提高多粒度调度的效率,采用分布式调度机制,将多粒度调度任务交给客户端。

5. KQML 通信语言声明子系统

KQML 通信语言声明子系统主要负责各种交互消息的定义,用于 Agent 之间、客户端与服务端之间、Agent 与服务端之间的交互。KQML 通信原语是一种最基本的 Agent 通信语言,基本原理是将通信分为三个层次:内容层、通信层和消息层,各个层次对应不同的约定,需要结合具体情况进行定义。基本的消息类型包括杀伤消息(KillKQML)、移动消息(MoveKQML)、态势消息(StateKQML)、补给消息(SUKQML)、维修消息(RPKQML)、死亡消息(DeadKQML)、仿真相关消息(SimulateKQML)等。需要说明的是,KQML 可以被用户继承并重写,以实现通信需求的可扩展。

6. 可视化仿真回溯子系统

可视化功能是作战仿真的重要组成部分,对于作战机理乃至技术验证均具有重要的意义,本章基于 JAVA3D 技术实现了作战仿真三维可视化功能。三维可视化仿真回溯子系统由仿真数据保存子模块、物理环境可视化子模块、三维运动控制子模块、特效呈现子模块等组成,主要负责对作战仿真进程的可视化呈现与因果追溯分析等功能。仿真数据保存子模块主要保存不同类型 Agent 战损数据、不同编队的战损数据、Agent 行为记录日志、战斗交互数据、模糊博弈学习相关数据、仿真回溯数据,主要用于仿真过程的分析、体系的评估以及可视化回溯。物理环境可视化子模块负责地形、山脉等物理环境的建模。三维运动控制子模块主要负责对 Agent 的运动进行控制,如 Agent 的移动、导弹的飞行等。特效呈现子模块负责对不同作战效果进行可视化展现,如爆炸效果、烟雾效果等。

7.3　装备体系的体系结构评估

体系结构是制约装备体系作战能力大小的关键因素,具体表现为 MV-5 体系结构产品的设置。本节拟通过针对不同体系结构的体系对抗仿真对此进行研究,探讨"网络中心、信息主导"的作战条件下,如何进行体系结构编配能够最大程度发挥装备体系的作战潜能。

7.3.1　体系结构模型想定编辑

根据试验目标,可以通过相同性能指标参数的不同体系结构配置方案来研究体系结构因素的重要影响。下面建立两种不同的装备体系体系结构方案,其 Agent 层次结构视图分别如图 7-2 以及图 7-3 所示,分别命名为方案 A 和方案 B。可以看出两种体系结构方案具有相同的兵力总数,均为 551 个,但是编队方案有所不同,方案 A 共有两个编队,而方案 B 只有一个编队。每个编队的性能参数矩阵 MV-6 均相同,其唯一的区别是方案 B 所有的 Agent 均编为一个编队。

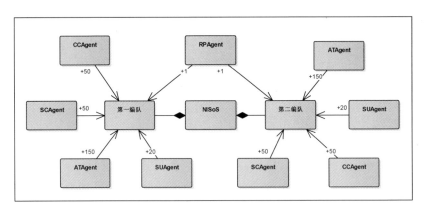

图 7-2　方案 A 的 Agent 层次结构图(MV-5)

设置实验中仿真次数为 200 次,蓝方联合策略的编号方法如表 7-1 所列,红方的联合策略的编号方法如表 7-2 所列,对各个命令行为的说明如表 7-3 所列。

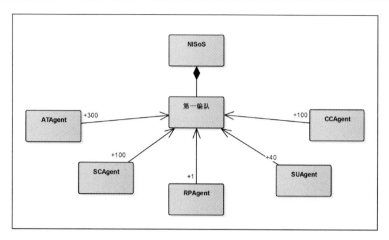

图 7-3　方案 B 的 Agent 层次结构图(MV-5)

表 7-1　一个编队时的红蓝双方联合策略编号方法

联 合 策 略	AttackSU	AttackSC	AttackAT	AttackCC	NoCommand
联合策略编号	0	1	2	3	4

表 7-2　两个编队时的红蓝双方联合策略编号方法

第一编队策略	AttackSU	AttackSU	AttackAT	AttackCC	NoCommand
第二编队策略	AttackSU	AttackSU	AttackSU	AttackSU	AttackSU
联合策略编号	0	1	2	3	4
第一编队策略	AttackSU	AttackSU	AttackAT	AttackCC	NoCommand
第二编队策略	AttackSU	AttackSU	AttackSU	AttackSU	AttackSU
联合策略编号	5	6	7	8	9
第一编队策略	AttackSU	AttackSU	AttackAT	AttackCC	NoCommand
第二编队策略	AttackAT	AttackAT	AttackAT	AttackAT	AttackAT
联合策略编号	10	11	12	13	14
第一编队策略	AttackSU	AttackSU	AttackAT	AttackCC	NoCommand
第二编队策略	AttackCC	AttackCC	AttackCC	AttackCC	AttackCC
联合策略编号	15	16	17	18	19
第一编队策略	AttackSU	AttackSU	AttackAT	AttackCC	NoCommand
第二编队策略	NoCommand	NoCommand	NoCommand	NoCommand	NoCommand
联合策略编号	20	21	22	23	24

表 7-3 五种指挥控制 Agent 的命令行为

命令编号	命令标识	命令说明
1	NoCommand	不对 AttackAgent 的目标选择策略进行控制
2	AttackSU	控制 AttackAgent 优先攻击 SUAgent
3	AttackSC	控制 AttackAgent 优先攻击 SCAgent
4	AttackAT	控制 AttackAgent 优先攻击 ATAgent
5	AttackCC	控制 AttackAgent 优先攻击 CCAgent

鉴于仿真体系结构的规模(1102 个 Agent),在仿真系统中集成了 CADMR 多粒度调度技术,通过执行 CADMR 调度技术提高仿真效率,由于单位增益因子可能与指挥控制策略有关,而指挥控制策略在实验中没有固定,为此忽略对 uAF 的求解以提高实验效率,即 $\delta_A = \delta_B = 1$。此外,设置分界因子 $\beta = 0.8$,聚合比重分别设置为 0.9、0.6、0 以分析不同聚合比重对宏观一致性的影响。

7.3.2 基于 CADMR 调度的总体效能分析

博弈矩阵的求解采用 2 级 DMDI-PSO 算法,最后得到的仿真结果如表 7-4 所列,其中 $\lambda = 0$ 表示未执行 CADMR 调度的实际结果,v_r、v_b 分别表示红蓝双方胜率,T 表示仿真用时,单位为 min,co 表示相对于 $\lambda = 0$ 时的计算复杂度。

表 7-4 不同增益因子对应的 CADMR 仿真结果

λ	ε	v_r	v_b	R_R	R_B	T/m	co
0.9	0	0.711	0.212	421.799	-70.60	33	7%
0.6	0	0.728	0.200	355.799	22.1999	120	27%
0	0	0.74	0.24	311.79	83.799	435	100%

可以看出,未执行 CADMR 调度的仿真用时较长,但通过执行 CADMR 调度可以明显提升仿真效率,当 $\lambda = 0.9$ 时达到了 7%,仅用时 33min 即完成了仿真任务。λ 越大,相应的引入误差越大(胜率误差相对要小,收益值误差相对较大),但当 $\lambda = 0.6$ 时得到的仿真结果不仅具有较好的计算性能(27%),并且相比不执行多粒度调度的评估结果保持了较高的精度。

将不同增益因子对应的可信期望博弈矩阵分别列为表 7-5 ~ 表 7-7,其中可知执行 CADMR 调度时的纳什均衡与不执行 CADMR 的纳什均衡基本一致,除了 $\lambda = 0.9$ 时的纳什均衡对应的红方联合策略不同外($\lambda = 0.9$ 时红方两个编队最佳策略为 AttackAT,$\lambda = 0.6$ 与 $\lambda = 0$ 时均为 AttackSC)。

表 7-5　λ = 0.9 时的可信期望博弈矩阵及对应的纳什均衡

红方策略	蓝 方 策 略				
	0	1	2	3	4
0	510.80, -194.80	168.20, 228.20	483.80, -157.00	513.80, -199.00	616.80, -343.20
1	548.80, -248.00	103.80, 298.20	615.80, -341.80	533.80, -227.00	587.80, -302.60
2	557.80, -260.60	-30.60, 394.20	463.80, -129.00	540.80, -236.80	543.80, -241.00
3	504.80, -186.40	-23.60, 389.20	70.20, 322.20	463.80, -129.00	520.80, -208.80
4	464.80, -130.40	-102.00, 445.20	421.80, -70.20	512.80, -197.60	551.80, -252.20
5	537.80, -232.60	183.60, 217.20	413.80, -59.00	519.80, -207.40	556.80, -259.20
6	614.80, -340.40	413.80, -59.00	566.80, -273.20	547.80, -246.60	622.80, -351.60
7	543.80, -241.00	155.00, 258.20	470.80, -138.80	555.80, -257.80	519.80, -207.40
8	583.80, -297.00	-4.00, 375.20	533.80, -227.00	556.80, -259.20	518.80, -206.00
9	543.80, -241.00	-109.00, 450.20	618.80, -346.00	612.80, -337.60	555.80, -257.80
10	488.80, -164.00	-51.60, 409.20	566.80, -273.20	512.80, -197.60	476.80, -147.20
11	529.80, -221.40	173.80, 248.20	417.80, -64.60	538.80, -234.00	480.80, -152.80
12	516.80, -203.20	421.80, -70.20	570.80, -278.80	478.80, -150.00	505.80, -187.80
13	546.80, -245.20	-162.20, 488.20	94.00, 305.20	546.80, -245.20	536.80, -231.20
14	548.80, -248.00	-96.40, 441.20	555.80, -257.80	581.80, -294.20	492.80, -169.60
15	519.80, -207.40	-69.80, 422.20	218.80, 175.60	549.80, -249.40	518.80, -206.00
16	547.80, -246.60	208.00, 193.60	514.80, -200.40	525.80, -215.80	554.80, -256.40
17	559.80, -263.40	-244.80, 547.20	496.80, -175.20	550.80, -250.80	547.80, -246.60
18	511.80, -196.20	225.00, 184.20	540.80, -236.80	514.80, -200.40	493.80, -171.00
19	545.80, -243.80	-134.20, 468.20	523.80, -213.00	514.80, -200.40	551.80, -252.20
20	539.80, -235.40	-29.20, 393.20	25.40, 354.20	547.80, -246.60	522.80, -211.60
21	548.80, -248.00	-54.40, 411.20	557.80, -260.60	523.80, -213.00	524.80, -214.40
22	557.80, -260.60	-177.60, 499.20	105.20, 297.20	521.80, -210.20	553.80, -255.00
23	523.80, -213.00	-30.60, 394.20	36.60, 346.20	520.80, -208.80	526.80, -217.20
24	525.80, -215.80	-247.60, 549.20	529.80, -221.40	549.80, -249.40	612.80, -337.60

表 7-6　λ＝0.6 时的可信期望博弈矩阵及对应的纳什均衡

红方策略	蓝方策略				
	0	1	2	3	4
0	384.80,−18.40	−165.00,490.20	120.60,286.20	350.80,29.20	426.80,−77.20
1	504.80,−186.40	−26.40,391.20	445.80,−103.80	519.80,−207.40	506.80,−189.20
2	443.80,−101.00	−67.00,420.20	373.80,−3.00	411.80,−56.20	472.80,−141.60
3	399.80,−39.40	−83.80,432.20	264.80,144.80	297.80,103.40	373.80,−3.00
4	346.80,34.80	−123.00,460.20	286.80,99.60	376.80,−7.20	413.80,−59.00
5	523.80,−213.00	−65.60,419.20	492.80,−169.60	485.80,−159.80	532.80,−225.60
6	494.80,−172.40	355.80,22.20	518.80,−206.00	498.80,−178.00	507.80,−190.60
7	489.80,−165.40	94.00,305.20	468.80,−136.00	444.80,−102.40	495.80,−173.80
8	486.80,−161.20	−1.20,373.20	438.80,−94.00	515.80,−201.80	446.80,−105.20
9	511.80,−196.20	53.40,334.20	473.80,−143.00	495.80,−173.80	519.80,−207.40
10	414.80,−60.40	−18.00,385.20	397.80,−36.60	441.80,−98.20	459.80,−123.40
11	416.80,−63.20	99.60,301.20	457.80,−120.60	477.80,−148.60	497.80,−176.60
12	476.80,−147.20	53.00,333.80	427.80,−78.60	472.80,−141.60	449.80,−109.40
13	431.80,−84.20	−82.40,431.20	359.80,16.60	480.80,−152.80	428.80,−80.00
14	399.80,−39.40	−39.00,400.20	387.80,−22.60	436.80,−91.20	473.80,−143.00
15	390.80,−26.80	−60.00,415.20	190.60,188.20	378.80,−10.00	99.60,301.20
16	461.80,−126.20	17.00,360.20	477.80,−148.60	483.80,−157.00	487.80,−162.60
17	422.80,−71.60	−46.00,405.20	389.80,−25.40	403.80,−45.00	461.80,−126.20
18	346.80,34.80	−90.80,437.20	352.80,26.40	213.80,182.60	385.80,−19.80
19	372.80,−1.60	−134.20,468.20	136.00,275.20	365.80,8.20	295.60,65.20
20	404.80,−46.40	−170.60,494.20	429.80,−81.40	397.80,−36.60	441.80,−98.20
21	482.80,−155.60	15.60,361.20	374.80,−4.40	474.80,−144.40	496.80,−175.20
22	393.80,−31.00	−81.00,430.20	324.80,65.60	430.80,−82.80	355.80,22.20
23	354.80,23.60	−125.80,462.20	442.80,−99.60	85.60,311.20	372.80,−1.60
24	396.80,−35.20	−156.60,484.20	323.80,67.00	314.80,79.60	295.80,106.20

表 7-7　不执行 CADMR 时的可信期望博弈矩阵及对应的纳什均衡

红方策略	蓝 方 策 略				
	0	1	2	3	4
0	134.60,276.20	−75.40,426.20	430.80,−82.80	325.80,64.20	147.20,267.20
1	487.80,−162.60	−27.80,392.20	514.80,−200.40	463.80,−129.00	356.80,20.80
2	173.80,248.20	−83.80,432.20	36.60,346.20	289.80,114.60	−54.40,411.20
3	115.00,290.20	−57.20,413.20	285.80,120.20	324.80,65.60	80.00,315.20
4	380.80,−12.80	−61.40,416.20	397.80,−36.60	344.80,37.60	265.80,148.20
5	437.80,−92.60	−36.20,398.20	441.80,−98.20	467.80,−134.60	423.80,−73.00
6	491.80,−168.20	311.80,83.80	516.80,−203.20	492.80,−169.60	446.80,−105.20
7	355.80,22.20	−64.20,418.20	407.80,−50.60	308.80,88.00	383.80,−17.00
8	434.80,−88.40	70.20,322.20	470.80,−138.80	447.80,−106.60	379.80,−11.40
9	448.80,−108.00	96.80,303.20	485.80,−159.80	454.80,−116.40	449.80,−109.40
10	269.80,142.60	−33.40,396.20	370.80,1.20	363.80,11.00	250.80,169.20
11	413.80,−59.00	−26.40,391.20	465.80,−131.80	401.80,−42.20	327.80,61.40
12	328.80,60.00	−71.20,423.20	244.80,177.60	319.80,72.60	−76.80,427.20
13	317.80,75.40	−62.80,417.20	313.80,81.00	365.80,8.20	110.80,293.20
14	352.80,26.40	−82.40,431.20	303.80,95.00	313.80,81.00	88.40,309.20
15	122.00,285.20	−106.20,448.20	248.80,172.00	242.80,180.40	15.60,361.20
16	416.80,−63.20	52.00,335.20	509.80,−193.40	466.80,−133.20	404.80,−46.40
17	238.80,186.00	−120.20,458.20	115.00,290.20	179.40,244.20	−82.40,431.20
18	256.80,160.80	−90.80,437.20	380.80,−12.80	303.80,95.00	320.80,71.20
19	315.80,78.20	−55.80,412.20	306.80,90.80	326.80,62.80	101.00,300.20
20	312.80,82.40	−109.00,450.20	300.80,99.20	344.80,37.60	−5.40,376.20
21	407.80,−50.60	−12.40,381.20	495.80,−173.80	440.80,−96.80	399.80,−39.40
22	317.80,75.40	−102.00,445.20	338.80,46.00	272.80,138.40	39.40,344.20
23	277.80,131.40	−109.00,450.20	141.60,271.20	342.80,40.40	17.00,360.20
24	296.80,104.80	−61.40,416.20	369.80,2.60	362.80,12.40	75.80,318.20

　　所有计算结果均一致表明红方装备体系的作战效能要高于蓝方装备体系，即在相同的兵力规模和性能指标参数条件下，相比一个编队，采用两个编队体系结构方案的装备体系具有更大的作战效能。此外，红方对应的纳什均衡纯策略为执行策略 6：第一编队与第二编队均执行 AttackSC 命令，而蓝方对应的纳什均衡纯策略为执行策略 1，即 AttackSC。这说明 SCAgent 为双方的薄弱环节，应该

优先打击。从双方的最佳策略均非 NoCommand 表明,通过指挥控制 Agent 的协调控制能够提高作战 Agent 的火力打击效果。

　　为了对作战过程进行更深入全面的分析,以实现对制胜机制的深入挖掘,可以采用复杂网络技术以及可视化技术实现对作战效能的因果追溯分析的目的。数据的生成方法是以纳什均衡策略作为红蓝双方的执行策略,再次进行体系对抗仿真。

7.3.3　基于复杂网络技术的因果追溯分析

　　复杂网络技术是一种强大的拓扑分析技术,广泛用于战争复杂系统的交战网络拓扑分析[3],包括体系演化现象、体系脆性分析的目的,对于认识战争规律、辅助战争决策具有重要的意义。

　　为了实现基于复杂网络的因果追溯分析的目的,可以利用 SimNis 导出的作战仿真拓扑数据,将其输入到复杂网络分析工具达到这一目的,本章采用了 Gephi 0.9.1 软件,其分析过程如图 7-4 所示,可以看出,利用成熟的复杂网络分析工具,可以从多个角度、多个方面对作战网络进行全方位分析。

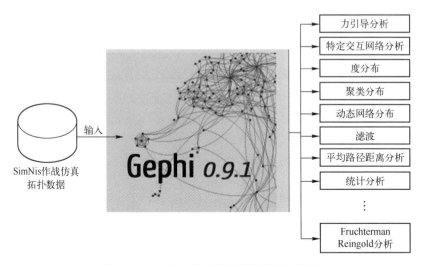

图 7-4　基于复杂网络的因果追溯分析流程

　　由于作战体系规模较大,生成的数据量超出了 Gephi 的单次处理能力,为此按照仿真时钟对交互数据进行区间自动划分,本例中共划分了 158 个区间(每个区间数据大小为 3~6Mb),选择其中 10 个区间对其通信网络进行分析,得到的结果如表 7-8 所列。

表 7-8　基于 Gephi 的红蓝双方通信网络特征对比

时　钟	阵营	平均度	平均加权度	网络直径	图密度	模块化	平均聚类系数	平均路径长度
1	红方	190	95	3	0.176	0.156	0.71	2.152
	蓝方	235	117	2	0.217	0.188	0.79	1.783
18	红方	301	150	3	0.278	0	0.699	1.894
	蓝方	362	181	2	0.335	0	0.809	1.629
65~66	红方	280	140	3	0.258	0	0.459	1.852
	蓝方	306	153	2	0.284	0	0.483	1.632
95~96	红方	198	99	3	0.183	0	0.414	1.901
	蓝方	194	97	2	0.179	0	0.399	1.681
119~120	红方	180	90	3	0.167	0	0.372	1.857
	蓝方	193	96	2	0.179	0	0.369	1.601
147~149	红方	190	95	3	0.176	0	0.326	1.866
	蓝方	154	77	2	0.143	0	0.316	1.661
214~218	红方	226	113	3	0.209	0	0.275	1.781
	蓝方	132	66	2	0.122	0	0.238	1.664
240~244	红方	184	92	3	0.171	0	0.24	1.818
	蓝方	161	80	2	0.15	0	0.23	1.603
375~385	红方	133	66	3	0.123	0	0.14	1.852
	蓝方	175	87	2	0.162	0	0.176	1.632
583~615	红方	91	45	3	0.084	0	0.057	1.9
	蓝方	2.24	1.12	2	0.002	0	0.011	1.776

　　由分析结果可以看出双方的通信网络平均度、平均加权度极高,而网络直径、路径长度较小,反映了作战体系较高的互联互通特性,这是与装备体系的网络中心内涵相符的。此外,大部分时刻红方的平均度比蓝方略低,这是由于红方的体系结构由两个编队组成,而编队与编队之间的通信能力弱于同一个编队之间,而蓝方由于只有一个编队,因此联通能力更高一些。

　　战斗交互数据统计情况如表 7-9 所列,表中数据为对应阵营、对应交互类型、对应区间发生次数占所有相同区间、总交互次数的百分比,共分为 6 个区间,为了实现对作战关键过程的分析,去除起始区间以及结束区间的数据。可以看出,双方维修类以及补给类交互次数一致,但是侦察类、情报类以及攻击类交互明显不同。作为获胜方,红方侦察类交互要少于蓝方,但红方的情报交互次以及攻击交互却明显高于蓝方,这说明相比蓝方,红方对信息的利用率较高,而蓝方则存在严重的信息负载(Information Overload)[4],冗余信息和无效信息较多。此外,由于红方攻击类明显多于蓝方,表明红方在两个指挥控制 Agent 的控制下火力打击更加协调,基本不存在火力打击冗余,而蓝方则由于单个指挥控制 Agent 的协调与控制能力有限,不能有效实施指挥控制,导致蓝方的火力打击强度和频率均弱于红方,这是蓝方战败的根本原因。

表 7-9　基于 Gephi 的红蓝双方作战网络统计对比

仿真时钟	阵营	侦察	共享	攻击	维修	补给
10~28	红方	50%	3.08%	0.53%	0%	0%
	蓝方	41%	2.84%	0.68%	0%	0%
28~49	红方	51%	4.38%	0.55%	0.01%	0%
	蓝方	39%	3.89%	0.73%	0.02%	0%
49~88	红方	42%	5.6%	1.35%	0.01%	0%
	蓝方	42%	6.25%	1.48%	0.01%	0%
88~196	红方	42%	4.96%	3.82%	0.06%	0%
	蓝方	39%	7.09%	2.14%	0.03%	0%
196~415	红方	44%	6.33%	0.62%	0.11%	0%
	蓝方	43%	3.8%	0.91%	0.12%	0%
415~500	红方	15%	5.08%	0.76%	0.12%	0%
	蓝方	73%	4.2%	0.56%	0.1%	0%
总计	红方	40.66%	6.77%	1.25%	0.04%	0%
	蓝方	46.16%	4.01%	0.92%	0.04%	0%

7.4　装备体系的灵敏度评估

装备体系灵敏度分析在装备体系各系统、各部件、各单元的设计中起着重要作用,可以研究影响装备体系作战效能的诸多因素,从而确定出重要的指标并进行重点研究和性能优化,对于装备体系的总体设计、性能改进以及指挥决策均具有重要的意义。灵敏度分析方法的基本原理是分析武器装备性能指标变化引起的体系效能波动,波动越大说明该项指标的灵敏度越大,反之灵敏度越小[5]。下面将采用灵敏度分析方法对组成装备体系的多个要素参数进行重要度分析,探索制约装备体系体系对抗的关键因素。

7.4.1　基于正交试验法的参数设置

由于影响体系效能的多个参数之间具有较强的相关性,每个因素的灵敏度都可能与其他各个参数的值相关,为此在进行单个参数的灵敏度评估时,需要同时进行多个参数的交叉组合,并通过求解平均值的方法判断单个因素的灵敏度大小。正交试验法是科学设计多因素的一种试验方法,通过利用一套规格化的正交表进行仿真试验,能够在保持几乎同样的试验效果的同时,大大减小试验组次,达到减小仿真规模的目的[6]。在进行正交表的设计时,需要满足以下两条重要性质[7]:

(1) 任意列中不同数字的出现次数相等。

(2) 任意两列中不同数字的有序数对出现次数相等。

一般的正交表记为 $L_n(m^k)$,其中 n 为要安排的试验的次数,m 为各因素的水平数,k 为因素个数[7]。

由于装备体系的影响参数有多个,不可能同时对所有的参数进行灵敏度分析,这里选取其中的 4 个无量纲参数进行灵敏度分析,分别为 CCAgent 的通信范围 $\widetilde{C}$、SCAgent 的侦察距离 $\widetilde{S}$、ATAgent 的射击距离 a_1 以及 ATAgent 的杀伤能力 $\widetilde{a}_k$,其取值原理同文献[8],各个因素取四个水平,其设置方法如表 7-10 所列,步长变化方法为采用三角模糊数的加法法则对模糊值进行增加。

表 7-10　不同考察因素的参数设置方法

Agent 类型	参数名称	符　　号	下　限　值	水　平　数	变化方式	步　　长
CCAgent	通信范围	$\widetilde{C}$	$(0.5,1,1.5)$	4	步长变化	4
SCAgent	侦察距离	$\widetilde{S}$	$(3.5,5,5.5)$	4	步长变化	10
ATAgent	射击距离	a_1	10	4	步长变化	10
ATAgent	杀伤能力	$\widetilde{a}_k$	$(3.5,5,5.5)$	4	步长变化	3

采用正交法设计的正交试验方案表 $L_{16}(4^4)$ 如表 7-11 所列。固定蓝方的体系结构以及性能参数表不变,采用正交试验法改变红方待考察参数。将红方体系记为 ESoS_R,蓝方体系记为 ESoS_B,双方均包含 1 个编队,其中 CCAgent 共

计 50 个, ATAgent 共计 100 个, SCAgent 共计 100 个, SUAgent 共计 50 个, RPAgent 共 1 个, 试验组合 1 的红方体系性能指标参数设置如表 7-12 所列, 蓝方性能指标参数设置如表 7-13 所列, 其他试验组合的设置方法依据正交试验方案表以此类推。

表 7-11　正交实验方案组合排次

试 验 组 合	$\widetilde{C}$	$\widetilde{S}$	a_l	$\widetilde{a}_k$
1	(0.5,1,1.5)	(3.5,5,5.5)	10	(3.5,5,5.5)
2	(0.5,1,1.5)	(13.5,15,15.5)	20	(6.5,8,8.5)
3	(0.5,1,1.5)	(23.5,25,25.5)	30	(9.5,11,11.5)
4	(0.5,1,1.5)	(33.5,35,35.5)	40	(12.5,14,14.5)
5	(4.5,5,5.5)	(3.5,5,5.5)	20	(9.5,11,11.5)
6	(4.5,5,5.5)	(13.5,15,15.5)	10	(12.5,14,14.5)
7	(4.5,5,5.5)	(23.5,25,25.5)	40	(3.5,5,5.5)
8	(4.5,5,5.5)	(33.5,35,35.5)	30	(6.5,8,8.5)
9	(8.5,9,9.5)	(3.5,5,5.5)	30	(12.5,14,14.5)
10	(8.5,9,9.5)	(13.5,15,15.5)	40	(9.5,11,11.5)
11	(8.5,9,9.5)	(23.5,25,25.5)	10	(6.5,8,8.5)
12	(8.5,9,9.5)	(33.5,35,35.5)	20	(3.5,5,5.5)
13	(12.5,13,13.5)	(3.5,5,5.5)	40	(6.5,8,8.5)
14	(12.5,13,13.5)	(13.5,15,15.5)	30	(3.5,5,5.5)
15	(12.5,13,13.5)	(23.5,25,25.5)	20	(12.5,14,14.5)
16	(12.5,13,13.5)	(33.5,35,35.5)	10	(9.5,11,11.5)

表 7-12　第一组试验红方性能参数

Agent 类别	参　　数	符　　号	数　　值
SCAgent	隐身概率	h_p	0.4
	移动速率	V_A	2
	侦察范围	$\widetilde{S}$	(3.5,5,5.5)
	数目	$\varnothing$	50
	侦察概率	P	0.8
	编队	$\varnothing$	1
	空间类别	$\varnothing$	地基

（续）

Agent 类别	参　数	符　号	数　值
ATAgent	隐身概率	h_p	0.1
	移动速率	V_A	2
	编队	$\varnothing$	1
	数目	$\varnothing$	50
	空间类别	$\varnothing$	地基
	杀伤范围	$\tilde{a}_r$	(0.4,0.5,0.6)
	命中概率	a_p	0.9
	射程	a_l	10
	杀伤值	$\tilde{a}_k$	(3.5,5,5.5)
	携带弹药量	$\tilde{a}_m$	1000
CCAgent	隐身概率	h_p	0.3
	移动速率	V_A	2
	编队	$\varnothing$	1
	数目	$\varnothing$	25
	空间类别	$\varnothing$	地基
	通信范围	$\tilde{C}$	(0.5,1,1.5)
SUAgent	隐身概率	h_p	0.3
	移动速率	V_A	2
	编队	$\varnothing$	1
	数目	$\varnothing$	25
	空间类别	$\varnothing$	地基
	装载弹药量	s_v	10000
	补给距离	$\tilde{s}_l$	(0.4,0.5,0.5)
	补给速率	$\tilde{s}_r$	(90,100,100)
RPAgent	隐身概率	h_p	0.4
	编队	$\varnothing$	1
	维修速率	$\tilde{r}_r$	(28,30,33)
	维修距离	$\tilde{r}_l$	(0.8,1,1.2)

表 7-13　第一组试验蓝方性能参数

Agent 类别	参　数	符　号	数　值
SCAgent	隐身概率	h_p	0.4
	移动速率	V_A	2
	侦察范围	$\tilde{S}$	(13.5,15,15.5)
	数目	$\varnothing$	50
	侦察概率	P	0.8
	编队	$\varnothing$	1
	空间类别	$\varnothing$	地基
ATAgent	隐身概率	h_p	0.1
	移动速率	V_A	2
	编队	$\varnothing$	1
	数目	$\varnothing$	50
	空间类别	$\varnothing$	地基
	杀伤范围	$\tilde{a}_r$	(0.4,0.5,0.6)
	命中概率	a_p	0.9
	射程	a_1	15
	杀伤值	$\tilde{a}_k$	(8.5,10,10.5)
	携带弹药量	$\tilde{a}_m$	1000
CCAgent	隐身概率	h_p	0.3
	移动速率	V_A	2
	编队	$\varnothing$	1
	数目	$\varnothing$	25
	空间类别	$\varnothing$	地基
	通信范围	$\tilde{C}$	(4.5,5,5.5)
SUAgent	隐身概率	h_p	0.3
	移动速率	V_A	2
	编队	$\varnothing$	1
	数目	$\varnothing$	25
	空间类别	$\varnothing$	地基
	装载弹药量	s_v	10000
	补给距离	$\tilde{s}_1$	(0.4,0.5,0.5)
	补给速率	$\tilde{s}_r$	(90,100,100)

(续)

Agent 类别	参　　数	符　　号	数　　值
	隐身概率	h_p	0.4
RPAgent	编队	$\varnothing$	1
	维修速率	$\tilde{r}_r$	$(28, 30, 33)$
	维修距离	$\tilde{r}_l$	$(0.8, 1, 1.2)$

双方的认知决策算法均为博弈算法,每组试验运行次数为 100 次,仿真结束时以纳什均衡对应的红方平均总可信期望清晰奖赏值 $\overline{R}_R$ 作为统计指标,纳什均衡的计算采用 1 级 DMDI-PSO 算法(相当于基本的 PSO 算法)。

7.4.2　灵敏度分析流程

基于方差分析的灵敏度分析过程如下:

步骤 1　计算总偏差的平方和 S_T。

假设各个因素共有 n_a 个水平,每个水平作 a 次试验,则试验的总次数 $n = a \times n_a$,设试验结果序列表示为 $x_1, x_2, \cdots, x_n$,则

$$S_T = \sum_{k=1}^{n} (x_k - \bar{x})^2 = \sum_{k=1}^{n} x_k^2 - \frac{1}{n} \left(\sum_{k=1}^{n} x_k \right)^2 \tag{7-1}$$

步骤 2　计算各因素偏差的平方和。

设 x_{ij}^m 为第 m 个因素的第 i 个水平的第 j 个试验结果$(i = 1, 2, \cdots, n_a; j = 1, 2, \cdots, a)$,则有

$$\begin{aligned} S^m &= \frac{1}{a} \sum_{i=1}^{n_a} \left(\sum_{j=1}^{a} x_{ij}^m \right)^2 - \frac{1}{n} \left(\sum_{i=1}^{n_a} \sum_{j=1}^{a} x_{ij}^m \right)^2 \\ &= \frac{1}{a} \sum_{i=1}^{n_a} K_i^2 - \frac{1}{n} \left(\sum_{k=1}^{n} x_k \right)^2 \end{aligned} \tag{7-2}$$

式中: $K_i = \sum_{j=1}^{a} x_{ij}^m$ 为第 m 个因素的第 i 个水平 a 次试验结果的和。S^m 反映了因素 m 的变化导致的实验结果的波动,其他因素的偏差平方和的计算方法类似。

步骤 3　计算试验误差的偏差平方和 S_E。

由于试验中难免会有误差的影响,因此必须进行误差检验,假设各个因素的偏差平方和为 S^{All},因为 $S_T = S^{All} + S_E$,故有 $S_E = S_T - S^{All}$。

步骤 4　进行显著性检验。

试验总的自由度的计算公式为 $f_总 = $总试验次数$-1 = n - 1$,第 m 个因素的自由度的计算公式为

$$f^m = \text{因素水平数} - 1 = n_a - 1 \tag{7-3}$$

假设所有因素的自由度之和为 f^{All}，则误差的自由度的计算公式为

$$f_E = f_总 - f^{\text{All}} \tag{7-4}$$

第 m 个因素的平均偏差平方和为

$$\overline{S}^m = S^m / f^m \tag{7-5}$$

实验误差的平均偏差平方和为

$$\overline{S}_E = S_E / f_E \tag{7-6}$$

F 值反映了各个因素对试验结果的影响程度，第 m 个因素的 F^m 计算方法为

$$F^m = \overline{S}^m / \overline{S}_E \tag{7-7}$$

对于因素 m 的 F 比 F^m，当 $F^m > F_{1-\alpha}(f^m, f_E)$ 时，认为在置信水平 $1-\alpha$ 下，输入参数 m 是影响显著的，否则认为因素 m 对试验结果影响不显著，常取 $\alpha = 0.05$。

7.4.3　极差分析

每组实验执行 100 次仿真后的试验结果如表 7-14 所列。首先计算各个因素的 K 值：

$$K_1^{\tilde{C}} = -140.66 + 13.52 + 196.9 + 203.2 = 272.96 \quad K_2^{\tilde{C}} = -136.46 - 41.68 + 40.8 + 196.66 = 59.32$$

$$K_3^{\tilde{C}} = -124.28 + 19.98 - 30.0 + 102.64 = -31.66 \quad K_4^{\tilde{C}} = -131.7 - 16.38 + 174.12 - 42.34 = -16.3$$

$$K_1^{\tilde{S}} = -140.66 - 136.46 - 124.28 - 131.7 = -533.1 \quad K_2^{\tilde{S}} = 13.52 - 41.68 + 19.98 - 16.38 = -24.56$$

$$K_3^{\tilde{S}} = 196.9 + 40.8 - 30.0 + 174.12 = 381.82 \quad K_4^{\tilde{S}} = 203.2 + 196.66 + 102.64 - 42.34 = 460.16$$

$$K_1^{a_1} = -140.66 - 41.68 - 30.0 - 42.34 = -254.68 \quad K_2^{a_1} = 13.52 - 136.46 + 102.64 + 174.12 = 153.82$$

$$K_3^{a_1} = 196.9 + 196.66 - 124.28 - 16.38 = 252.9 \quad K_4^{a_1} = 203.2 + 40.8 + 19.98 - 131.7 = 132.28$$

$$K_1^{\tilde{a}_k} = -140.66 + 40.8 + 102.64 - 16.38 = -13.6 \quad K_2^{\tilde{a}_k} = 13.52 + 196.66 - 30.0 - 131.7 = 48.48$$

$$K_3^{\tilde{a}_k} = 196.9 - 136.46 + 19.98 - 42.34 = 38.08 \quad K_4^{\tilde{a}_k} = 203.2 - 41.68 - 124.28 + 174.12 = 211.36$$

$$\tag{7-8}$$

然后可以计算各个因素的极差，极差的计算公式为

$$R^m = \max(K_i^m) - \min(K_i^m) \tag{7-9}$$

式（7-9）反映了各个因素灵敏度的大小，此式可以算得不同因素的极差大小分别为 $R_{\tilde{C}} = 304.62$，$R_{\tilde{S}} = 993.26$，$R_{a_1} = 408.5$，$R_{\tilde{a}_k} = 224.96$，可以看出各个因素的影响程度为 $\tilde{S} > a_1 > \tilde{C} > \tilde{a}_k$，说明同等条件下，侦察范围对作战效能的影响最为显著，与信息化作战理论相符，表明了"先敌发现"的重要性。

表 7-14　不同正交试验组合的仿真结果

试验组合	$\tilde{C}$	$\tilde{S}$	a_1	$\tilde{a}_k$	$\overline{R}_R$
1	(0.5,1,1.5)	(3.5,5,5.5)	10	(3.5,5,5.5)	−140.66
2	(0.5,1,1.5)	(13.5,15,15.5)	20	(6.5,8,8.5)	13.52
3	(0.5,1,1.5)	(23.5,25,25.5)	30	(9.5,11,11.5)	196.9
4	(0.5,1,1.5)	(33.5,35,35.5)	40	(12.5,14,14.5)	203.2
5	(4.5,5,5.5)	(3.5,5,5.5)	20	(9.5,11,11.5)	−136.46
6	(4.5,5,5.5)	(13.5,15,15.5)	10	(12.5,14,14.5)	−41.68
7	(4.5,5,5.5)	(23.5,25,25.5)	40	(3.5,5,5.5)	40.8
8	(4.5,5,5.5)	(33.5,35,35.5)	30	(6.5,8,8.5)	196.66
9	(8.5,9,9.5)	(3.5,5,5.5)	30	(12.5,14,14.5)	−124.28
10	(8.5,9,9.5)	(13.5,15,15.5)	40	(9.5,11,11.5)	19.98
11	(8.5,9,9.5)	(23.5,25,25.5)	10	(6.5,8,8.5)	−30.0
12	(8.5,9,9.5)	(33.5,35,35.5)	20	(3.5,5,5.5)	102.64
13	(12.5,13,13.5)	(3.5,5,5.5)	40	(6.5,8,8.5)	−131.7
14	(12.5,13,13.5)	(13.5,15,15.5)	30	(3.5,5,5.5)	−16.38
15	(12.5,13,13.5)	(23.5,25,25.5)	20	(12.5,14,14.5)	174.12
16	(12.5,13,13.5)	(33.5,35,35.5)	10	(9.5,11,11.5)	−42.34
K_1	272.96	−533.1	−254.68	−13.6	
K_2	59.32	−24.56	153.82	48.48	
K_3	−31.66	381.82	252.9	38.08	
K_4	−16.3	460.16	132.28	211.36	
极差	304.62	993.26	408.5	224.96	

7.4.4　方差分析与显著性检验

上面对各个因素的试验结果进行了直观分析,直观分析计算量少且一目了然,但是不能反映误差的大小,为此可以继续进行方差分析,以弥补直观分析的不足。首先计算总的偏差平方和：

$$S_\mathrm{T} = \sum_{k=1}^{n} x_k^2 - \frac{1}{n}\left(\sum_{k=1}^{n} x_k\right)^2 = 2.3773 \times 10^5 - 5.0524 \times 10^3 = 2.3268 \times 10^5$$

$$(7\text{-}10)$$

然后计算各个因素以及误差的偏差平方和：

$$S^{\tilde{C}} = (272.96^2 + 59.32^2 + 31.66^2 + 16.3^2)/4 - 5.0524 \times 10^3 = 14772$$

$$S^{\tilde{S}} = (533.1^2 + 24.56^2 + 381.82^2 + 460.16^2)/4 - 5.0524 \times 10^3 = 155530$$

$$S^{a_1} = (254.68^2 + 153.82^2 + 252.9^2 + 132.28^2)/4 - 5.0524 \times 10^3 = 37442$$

$$S^{\tilde{a}_k} = (13.6^2 + 48.48^2 + 38.08^2 + 211.36^2)/4 - 5.0524 \times 10^3 = 7112.2$$

$$S^\mathrm{E} = 2.3268 \times 10^5 - 14772 - 155530 - 37442 - 7112.2 = 17824$$

$$(7\text{-}11)$$

进一步可算得各个因素以及误差的自由度、平均偏差平方和以及 F 值如表 7-15 所列，可以看出各个因素的 F 值大小排序为 $\tilde{S} > a_1 > \tilde{C} > \tilde{a}_k$，与极差分析的结果相符，其中 $\tilde{S}$ 的显著性水平为 0.1，其他各个因素的显著性水平均小于 0.1，表明了侦察范围的重要影响，与专家经验基本相符，也反映了体系对抗的不确定性和随机性。

表 7-15　基于方差分析的灵敏度分析结果

因　素	偏差平方和	自由度	平均偏差平方和	F 值	F 临界值	显著性
$\tilde{C}$	14772	3	4924	0.8288		不显著
$\tilde{S}$	155530	3	51843	8.7259	$F_{0.1}(3,3)=5.36$	显著
a_1	37442	3	12481	2.1007		不显著
$\tilde{a}_k$	7112.2	3	2370.7	0.3990		不显著
误差 e	17824	3	5941.3			

参 考 文 献

[1]　黄建新．基于 ABMS 的体系效能仿真评估方法研究[D]．长沙：国防科学技术大学，2011．

[2]　Clive D P, Johnson A J, et, al. Advanced framework for simulation, integration and modeling (AFSIM) [C], Internetional Conference on Scientific Computing, Las Vegas, Nevada, USA, 2015:73-77.

[3]　金伟新．体系对抗复杂网络建模与仿真[M]．北京：电子工业出版社，2010．

[4]　David M S, William B C. Information overload at the tactical level (an application of agent based modeling

and complexity theory in combat modeling）［R］. Department of Systems Engineering,USMA West Point,
NY 10996. 2002,8.

［5］　Hall J W,Boyce S A,Wang Yue ling. Sensitivity analysis for hydraulic models［J］. Journal of Hydraulic
Engineering,2009,135(11):959-969.

［6］　邱轶兵. 试验设计与数据处理［M］. 合肥:中国科学技术大学出版社,2008.

［7］　骆清国,刘红彬,陶铁男,等. 基于正交设计的柴油机控制参数影响显著性分析研究［J］. 车用发动
机,2011,5:58-62.

［8］　Iachinski A. 人工战争:基于多 agent 的作战仿真［M］. 张志祥,等译. 北京:电子工业出版社,
2010:317.

内 容 简 介

  本书全面深入地介绍了装备体系多 Agent 建模与仿真方法的框架、关键技术和应用等重要内容,并进行了大量的仿真实验分析。本书关注的主要领域包括相关研究与应用、建模基础、计算复杂度的解决、认知复杂度的解决,以及客观评估等几个方面。

  本书可作为装备体系建模与仿真领域的参考书,也可作为装备指挥、装备保障、计算机仿真等专业的参考书。

Summary

  This book comprehensively introduces the framework, key technologies and applications of multi-agent modeling and simulation methods for equipment systems, and carries out a lot of simulation experiments and analyses. The book introduces the multi-agent modeling and simulation of equipment systems from several perspectives, such as related research and application, modeling basis, solution of computational complexity, solution of cognitive complexity and objective evaluation.

  This book can be used as a reference book in the field of equipment system modeling and simulation, as well as a reference book for equipment command, equipment support, computer simulation and other specialties.